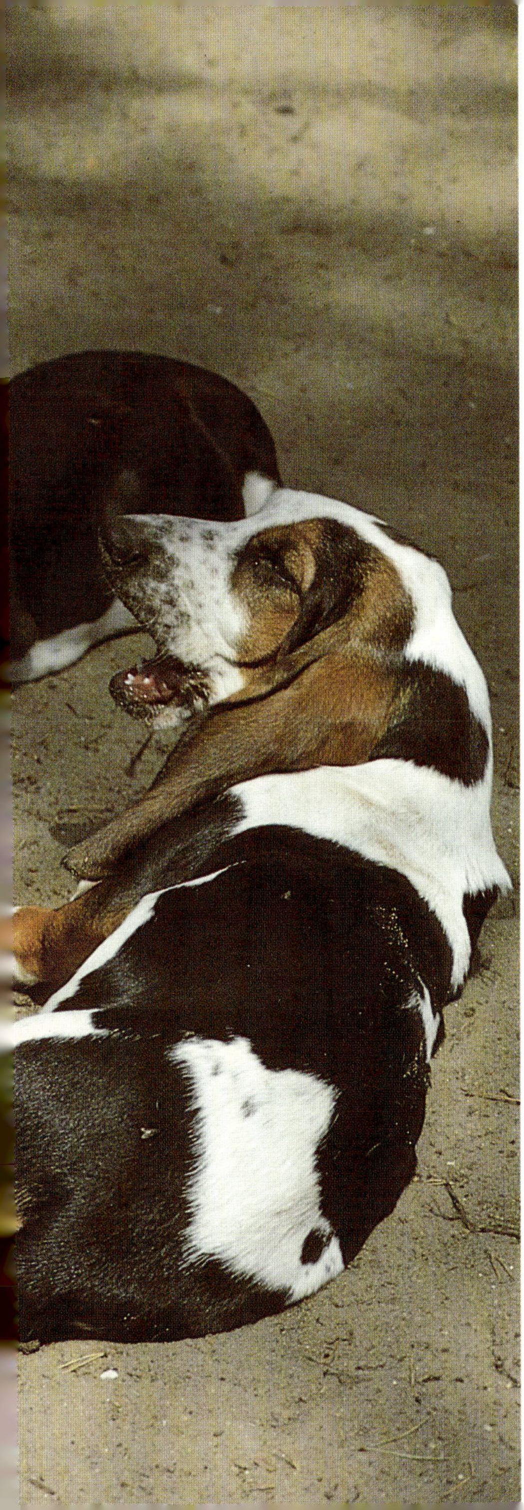

Uwe
Streitferdt

Mein kranker Hund

Erste Hilfe
Behandlung
Pflege

Mitarbeiter:
Christine Metzger
Claus-Michael Pautzke

Mit Farbfotos bekannter
Tierfotografen
Zeichnungen:
György Jankovics

Bechtermünz Verlag

Vorwort und Inhalt

Was tun, wenn Ihr Hund sich plötzlich anders verhält als sonst, wenn jeder Schritt ihm Schmerzen bereitet?
In diesem Tier-Ratgeber erfahren Sie, was Sie tun können, wenn Ihr Hund krank ist.
Im Praxis-Teil gibt es Hinweise zur artgerechten Ernährung. Mit Diät-Plänen. Wichtige Tips für die Pflege des gesunden und des kranken Hundes. Erste-Hilfe-Maßnahmen, die Ihnen im Notfall weiterhelfen. Ein Gesundheitstest sowie die Symptom-Tabelle sorgen dafür, daß Sie Krankheiten rechtzeitig erkennen und rasch handeln können.
Der Krankheits-Teil enthält Beschreibungen der wichtigsten Hundekrankheiten mit umfassenden Behandlungsmöglichkeiten und praktischem Rat, wie Sie Ihrem Hund selbst helfen können und wann es nötig ist, zum Tierarzt zu gehen. Homöopatische Behandlungstips erweitern oder ergänzen die Heilungsmöglichkeiten. Fachbegriffe, die der Tierarzt häufig verwendet, werden erklärt.
Der vorliegende Tier-Ratgeber bietet kompetenten Rat im Krankheitsfalle Ihres Hundes – alle Anleitungen leicht verständlich, auch für Anfänger in der Hundehaltung.
Autor und Redaktion wünschen Ihnen, daß Ihr Hund schnell gesund wird.

Wegweiser durch den Krankheitsteil

Krankheiten schnell erkennen

Symptome	Mögliche Ursachen, bei denen Sie selbst Abhilfe schaffen können	Alarmzeichen, wenn diese Symptome hinzukommen
Frißt nicht	Hund ist satt, sehr wählerisch und verwöhnt, zu heißes oder ungewohntes Futter	Fieber, Erbrechen, Durchfall, Apathie Mit vermehrtem Durst Erbrechen und kein Kotabsatz
Frißt viel	Nach längerer Hungerperiode, ist von Natur aus verfressen, ist kastriert	Trinkt viel, ist fettleibig und hat einen Hängebauch und Haarausfall
Trinkt nicht	Genug Feuchtigkeit im Futter	Speicheln, Fehlschlucken, Husten, Würgen
Trinkt viel	Überhitzung nach Herumtoben, hat viel Trockenfutter gefressen	Erbrechen und Untertemperatur Apathie, Taumeln, Untertemperatur Bei der Hündin: Erbrechen, Fieber, Apathie
Durchfall	Zuviel Milch, kaltes Futter, Schnee gefressen, plötzliche Futterumstellung, Streß	Blut im Kot, Erbrechen, Austrocknung, Anämie
Erbrechen	Hat Gras gefressen, hat zu gierig gefressen	Bei weiß-gelblichem oder blutigem Schleim Apathie, Durchfall, hohes Fieber Frißt nicht, kein Kotabsatz, verspannter Bauch
Husten	Verschlucken, vor allem bei gierigem Wassertrinken	Trockener Husten mit Schleimwürgen Trockener Reizhusten mit Würgen von blutigem Schleim Eitrige Bindehaut- und Nasenentzündung, Schweratmigkeit, Fieber Feuchter, tiefer Husten, Schweratmigkeit
Mundgeruch	Kot, Aas oder anderes Übelriechendes gefressen	Speicheln, eventuell mit Blut Erbrechen, übermäßiges Trinken, urinöser, fauliger Mundgeruch

Mögliche Diagnose	Krankheitsbeschreibung und Behandlung
Schwere Allgemeininfektion, z.B. Staupe, Parvovirose Schwerer Nieren- oder Leberschaden, Pyometra (Eiteransammlung in der Gebärmutter) Fremdkörper im Darm: Sofort zum Tierarzt!	Seite 98, 99 Seite 66, 50, 72 Seite 46
Verdacht auf Hormonstörungen (unterfunktion der Schilddrüse, Überfunktion der Nebennierenrinde)	Seite 85, 86
Fremdkörper im Schlund, Schlundlähmung (Tollwut). Sofort zum Tierarzt!	Seite 42, 43, 99
Nierenschaden (mit Urämie) Zuckerkrankheit Gebärmuttervereiterung	Seite 66 Seite 87 Seite 72
Wurmbefall, Magen-Darm-Infektion, Leber- und Bauchspeicheldrüsenerkrankung, Vergiftung: Sofort zum Tierarzt!	Seite 101, 102, 44, 46, 47, 50, 51, 30, 31
Gastritis, Fremdkörper im Magen, Leber- oder Nierenerkrankung, Vergiftung: Sofort zum Tierarzt! Schwere Virusinfektion (Staupe, Parvovirose): Sofort zum Tierarzt! Fremdkörper im Darm: Sofort zum Tierarzt!	Seite 44, 43, 50, 51, 30, 31 Seite 98, 99 Seite 46
Mandel-, Rachen- oder Kehlkopfentzündung (Zwingerhusten) Fremdkörper oder Tumor im Rachen: Sofort zum Tierarzt!	Seite 53, 100 Seite 42, 43
Erkältungserkrankung, Bronchitis, Lungenentzündung (eventuell Staupe): Sofort zum Tierarzt! Herzfehler mit Lungenstau, Lungenödem: Sofort zum Tierarzt!	Seite 55, 56, 98 Seite 58-59, 56
Zahnstein, Parodontose, eitriger Zahn, Fremdkörper oder Tumor im Maul Gastritis, schwere Nierenerkrankung mit Urämie	Seite 40, 41, 42, 43 Seite 44, 66

Symptome	Mögliche Ursachen, bei denen Sie selbst Abhilfe schaffen können	Alarmzeichen, wenn diese Symptome hinzukommen
Blähungen	Überwiegende Fleischfütterung, plötzlicher Futterwechsel	Durchfall, heller pastiger Kot Vor allem beim großen Hund: Schleimwürgen, ballonartig aufgedunsener Bauch, Apathie, stöhnende Atmung
Pressen ohne Kot- oder Urinabsatz	Verstopfung durch mangelnde Bewegung, zuviel Trockenfutter ohne ausreichendes Trinken, Wehen	Blutiger Schleim oder Blut aus dem After Blutiger Urin oder Harnträufeln
Reichlicher Harnabsatz	Hat viel getrunken, zum Beispiel bei Hitze oder nach Herumtoben	Harnabsatz in kleinen Mengen, eventuell mit Bl Harnabsatz in großen Mengen, vermehrter Durst, Apathie, schlechter Appetit Bei der Hündin: Harnabsatz in großen Mengen zusätzlich blutig-eitriger Scheidenausfluß
Schweratmigkeit	Hecheln bei Überhitzung, Anstrengung oder Aufregung	Fieber, Husten, Niesen, Würgen Tiefer, feuchter Husten, Herzjagen Pumpendes Atmen mit Bauchpressen Blasse Schleimhäute, Herzjagen
Schniefen und Niesen	Hat im Schnee oder in ein Mauseloch geschnuppert	Eitrig-blutiger Nasenausfluß, wiederholtes prustendes Ausblasen durch die Nase Beschwerden nur an einem Nasenloch
Schwäche der hinteren Beine	Ist nach Herumtoben erschöpft oder alt und gebrechlich	Aufgekrümmter verspannter und schmerzhafter Rücken Schwierigkeiten beim Aufstehen nach längerem Liegen Taumeln, Muskelzuckungen, Neigung zu Krämp
Schwanken und Taumeln	Nach dem Aufstehen und beim Kopfschütteln durchaus normal	Im-Kreis-Laufen, apathisch in der Ecke stehen, Neigung zu epileptischen Anfällen
Juckreiz	Am Ohr durch verschmutzte Ohren, Zecke in der Haut, kleine Verletzung der Haut	Überall Juckreiz mit spontanem Ins-Fell-Beißen Rötung und fleckiges Ekzem am Unterbauch Aufgekratzte wunde Stellen, vor allem an Kopf und Hals
An den Pfoten beißen	Zu lange Nägel, verfilzte Haare zwischen den Ballen	Nässende Zehenzwischenräume und Abszesse Verdickte, ständig wunde Hautstellen an der Pfotenbeuge

Mögliche Diagnose	**Krankheitsbeschreibung und Behandlung**
Chronische Bauchspeicheldrüsen- oder Lebererkrankung	Seite 51, 50
Magendrehung: Sofort zum Tierarzt!	Seite 45
Knochenkotverstopfung: Sofort zum Tierarzt!	Seite 48
Harnröhren- oder Blasensteine: Sofort zum Tierarzt!	Seite 64-65
Blasenentzündung, eventuell mit Blasensteinen	Seite 64
Chronischer Nieren- oder Leberschaden, Hormonstörungen (Überfunktion der Nebennierenrinde, Zuckerkrankheit)	Seite 66, 50, 86, 87
Gebärmuttervereiterung: Sofort zum Tierarzt!	Seite 72
Erkältung, Infektion der Atemwege (Zwingerhusten)	Seite 52-55, 100
Herzfehler mit Lungenstau, Lungenödem: Sofort zum Tierarzt!	Seite 58, 56
Lungen- oder Zwerchfellriß nach Unfall: Sofort zum Tierarzt!	Seite 58
Innere Blutung nach Unfall oder Vergiftung: Sofort zum Tierarzt!	Seite 27, 30, 31
Nasenschleimhautentzündung	Seite 52
Tumor oder Fremdkörper in der Nase: Sofort zum Tierarzt!	Seite 52
Bandscheibenbeschwerden	Seite 94
Arthrose der Hüfte oder Kniegelenke	Seite 92, 93
Chronischer Herzfehler oder Gehirnhautentzündung (z.B. Staupe)	Seite 58-59, 95, 98
Gehirnerschütterung, Gehirnhautentzündung, mangelnde Gehirndurchblutung (Arteriosklerose, Herzfehler)	Seite 28, 95, 98, 60, 58-59
Parasitenbefall mit Flöhen, Läusen oder Haarlingen	Seite 81, 82
Direkte Kontaktallergie der Haut	Seite 83
Indirekte Allergie oder Autoimmunerkrankung der Haut	Seite 83, 84
Fremdkörper (Dorn oder Granne) im Pfotenbereich	Seite 80
Psychisch bedingte Hautentzündung (durch Beißen)	Seite 80

Der gesunde Hund

Schauen Sie ihn an! Ist er nicht ein Prachtkerl? Seine Augen sind klar und leuchtend, sein Fell glänzt, und seine Zähne leuchten weiß wie Porzellan. Dabei ist er schon sieben Jahre alt. »Seine Menschen« meinen, er sei so gesund, weil er abwechslungsreich und ausgewogen ernährt wird. Aber es liegt auch daran, daß er es gut hat: Jeden Tag darf er einen langen Spaziergang machen. Er wird liebevoll gebürstet und gepflegt, und einmal im Jahr heißt es zum Tierarzt gehen. Auch wenn dem Hund nichts fehlt. Denn »seine Menschen« wollen, daß er noch lange gesund bleibt.

Verhalten und Aussehen

Ein gesunder Hund ist ein fröhlicher Hund. Mit wachen Augen verfolgt er, was in seiner Umgebung vor sich geht, schwanzwedelnd begrüßt er heimkehrende Familienmitglieder. Wenn Frauchen oder Herrchen das Signal zum Spaziergang geben, springt er begeistert auf. Er bewegt sich gelöst, läßt sich zum Spielen animieren, frißt mit Appetit.

Ein gesunder Hund hat ein glänzendes Fell und klare Augen. Seine Körperöffnungen – Mund, Nase, Augen, Ohren und After – sind weder verschmutzt noch verklebt oder vereitert. Wie Sie vom Aussehen Ihres Hundes auf dessen Gesundheitszustand schließen können, erfahren Sie im Gesundheitstest auf Seite 11.

Wohlbefinden – Zuwendung und Erziehung

Körperliches und seelisches Wohlbefinden hängen bei allen Lebewesen zusammen. Der Hund, ursprünglich ein Rudeltier, das in engem sozialen Verbund mit seinen Artgenossen lebte, braucht für sein seelisches Gleichgewicht die Zuwendung und Anerkennung »seines« Menschen. Er will gestreichelt und gelobt werden und hält sich am liebsten immer in der Nähe seiner Besitzer auf. Die Pflege, die Sie Ihrem Hund angedeihen lassen, trägt zum Wohlbefinden des Hundes bei. Wenn Sie ihn bürsten oder ihm Augen und Ohren säubern, empfindet er das auch als Liebesdienst. Näheres zum Thema Hundepflege erfahren Sie auf den Seiten 18 und 19.

Zuwendung erfährt der Hund auch durch eine liebevolle, konsequente Erziehung, bei der nicht Strafe, sondern Lob das Grundprinzip sein soll. Fangen Sie rechtzeitig mit der Erziehung an, wenn Sie einen Welpen bekommen; mit dem Stubenreinheits-Training können Sie beginnen, wenn der Hund acht Wochen alt ist, im Alter von drei Monaten sollte er die Befehle »Sitz«, »Warten«, »Komm« lernen. Auch alleine bleiben, ohne zu bellen, und an der Leine gehen, ohne zu ziehen, muß ein Hund können, der mit Menschen zusammenlebt.

Wohnen mit dem Hund

Wird ein Hund im Freien gehalten, braucht er – damit er sich wohlfühlen kann – eine Hütte mit einem ausreichend großen Schutzraum, der gegen Feuchtigkeit, Wärme und Kälte isoliert ist. Das Innere muß sauber, trocken und frei von Ungeziefer gehalten werden.

Hat der Hund keine Hütte im Freien, in die er sich zurückziehen kann, muß er in der Wohnung einen Schlafplatz haben. Gleich, ob man ihm einen Korb,

Eine stolze Hundemutter mit ihren balgenden Welpen. In diesem Alter ist das Spielen der wichtigste Lebensinhalt.

eine Kiste oder eine Decke zuweist, das Plätzchen muß geschützt sein – Hunde liegen gerne unter Bänken oder in Ecken. Der Schlafplatz muß an einem Ort untergebracht sein, der weder zu warm, noch zu kalt ist und an dem keine Zugluft das Wohlbefinden des Tieres stört. Der Hund muß außerdem genug Platz haben, um sich auf seinem Lager auszustrecken. Ideal ist es, dem Hund verschiedene Plätze anzubieten und ihn selbst entscheiden zu lassen, wo er liegen will.
Die Nähe zum Menschen ist für den Hund sehr wichtig. Ist ein Hund tagsüber viel allein, sollte er deshalb die Möglichkeit haben, in der Nacht in einem Eckchen im Schlafzimmer zu liegen. Ob man seinen Hund mit ins Bett nimmt, ist letztlich eine persönliche Entscheidung. Gesundheitliche Gründe sprechen nicht dagegen, sofern der Hund gepflegt, geimpft und entwurmt ist.

Täglicher Auslauf
Zur Erhaltung seiner Gesundheit braucht ein Hund unbedingt regelmäßig und ausreichend Auslauf. Regelmäßig heißt, mindestens einen großen Spaziergang am Tag. Auch wenn Sie einen Garten haben, dürfen Sie auf den Spaziergang nicht verzichten. Die Länge dieses Spaziergangs richtet sich nach Art, Größe und Alter des Hundes. Lauf- und Jagdhunde müssen bis zu zwei Stunden unterwegs sein, damit sie sich richtig austoben können. Kleinere und alte Hunde kommen mit weniger »Gassigehen« aus. Bei diesen Spaziergängen muß der Hund die Möglichkeit haben, ohne Leine zu rennen, über die Wiesen und durchs Gebüsch zu fegen, wie er will. Der Kontakt mit Artgenossen ist wichtig.
Darüber hinaus muß ein Hund mindestens viermal täglich vor die Türe kommen, damit er sein »Geschäft« verrichten kann.

Spielen mit dem Hund
Ein gesunder, aufgeweckter Hund will beschäftigt und angeregt werden, und er fordert auch seinerseits zum Spielen auf. Ob Sie ihm beim Spaziergang einen Ball oder ein Stöckchen werfen, in der Wohnung mit ihm Lumpen-Ziehen oder Knochen-Verstecken spielen, Sie werden immer einen begeisterten Spielkameraden haben. Die Wahl des Spielzeugs will gut überlegt sein. Sie sollten beachten, daß es nicht zu klein sein darf – sonst besteht die Gefahr, daß der Hund es verschluckt. Auch scharfkantiges Spielzeug ist ungeeignet, da die Verletzungsgefahr zu groß ist. Natürlich darf das Spielzeug auch kein gesundheitsschädliches Material enthalten. Der Hund sollte auch Kauknochen, zum Beispiel aus Büffelhaut, bekommen, damit er sich alleine beschäftigen kann. Darüber hinaus reinigt er beim Kauen seine Zähne, so daß sich kein Zahnstein (→ Seite 40) ansetzt.

Hund und Kind
Hunde und Kinder sind ideale Partner – wer selbst mit einem Hund aufgewachsen ist, weiß, daß nichts diese Freundschaft ersetzen kann. Ist ein Hund gesund, wird er regelmäßig geimpft und entwurmt, bestehen keine Bedenken, Kinder und Hunde miteinander aufwachsen zu lassen.
Der ideale Kinderhund muß viele gute Eigenschaften in sich vereinen. Er sollte zum Beispiel ein ausdauernder Spielkamerad sein, nicht aggressiv werden und auch nicht allzu lärmempfindlich oder nervös sein. Generell kann man sagen, daß Hütehunde, wie zum Beispiel Collie, Bobtail und deren Mischungen, besonders kinderfreundlich sind. Letztlich hängt es aber vom Wesen des einzelnen Tieres ab, wie es sich Kindern gegenüber verhält.
Wichtig ist auch, wie die Erwachsenen mit Kind und Hund umgehen. Kommt ein Baby, gilt es, Eifersucht zu vermeiden, indem man den Hund nicht vernachlässigt. Er muß lernen, das Kind zu respektieren. Auf der anderen Seite ist es aber genauso wichtig, dem Kind – sobald es verständig genug ist – zu vermitteln, daß der Hund ein Lebewesen ist, dessen Eigenheiten ebenfalls respektiert werden müssen. Ein Hund darf nicht als Spielzeug angesehen werden. Eigenverantwortlich kann ein Kind erst dann für den Hund sorgen, wenn es mindestens 15 Jahre alt ist.

Ist Ihr Hund gesund?

Führen Sie diesen Test bewußt durch und machen Sie es sich später zur Gewohnheit, den Hund im Alltag, bei der Pflege oder beim Spielen nach den im Test angeführten Kriterien zu beobachten, so daß Ihnen sofort auffällt, wenn Aussehen oder Verhalten des Hundes vom Normalen abweichen.

Teil 1

a) Das Fell sollte glänzend, dicht und regelmäßig am Körper liegen. Ist das Fell Ihres Hundes stumpf und struppig?
☐Ja ☐Nein

b) Bieten Sie dem Hund einen Leckerbissen an, den er gewöhnlich gerne nimmt. Lehnt er ab, ihn zu fressen?
☐Ja ☐Nein

c) Fordern Sie den Hund in gewohnter Weise zum Spaziergang auf. Bleibt er unlustig liegen?
☐Ja ☐Nein

Teil 2

a) Ziehen Sie das Augenlid sanft und leicht herunter. Sind die Augen trüb, die Bindehäute gerötet?
☐Ja ☐Nein

b) Ist die Analregion verklebt oder verschmutzt?
☐Ja ☐Nein

c) Fordern Sie Ihren Hund auf, Treppen zu steigen oder ins Auto zu springen.
Weigert er sich, das zu tun, obwohl weder Autofahren noch Treppensteigen etwas Neues für ihn ist?
☐Ja ☐Nein

Teil 3

a) Sind Augen, Nase oder Ohren des Hundes verklebt oder vereitert?
☐Ja ☐Nein

b) Ist die Haut gerötet, aufgekratzt, vereitert oder verkrustet?
☐Ja ☐Nein

c) Ist das Zahnfleisch gerötet und wund, speichelt der Hund und riecht aus dem Maul?
☐Ja ☐Nein

d) Erbricht der Hund häufig, hat er gelegentlich Durchfall und Blähungen mit Bauchgrimmen?
☐Ja ☐Nein

e) Ist die Atmung beschleunigt, ohne daß der Hund getobt hat oder hechelt, oder atmet der Hund schon nach leichter Anstrengung schwer?
☐Ja ☐Nein

f) Geht Ihr Hund gelegentlich lahm oder hat er Schwierigkeiten beim Aufstehen und Sichhinlegen?
☐Ja ☐Nein

g) Liegt die Körpertemperatur des Hundes unter 38°C oder über 39°C (Fiebermessen, → Seite 106)?
☐Ja ☐Nein

Auswertung

Ihr Hund ist gesund
Wenn Sie alle Fragen mit »Nein« beantwortet haben, können Sie davon ausgehen, daß Ihr Hund gesund ist.

Grund zur Besorgnis
- Wenn Sie nur in Teil 1 »Ja« angekreuzt haben, besteht noch kein Grund zur Besorgnis. Der Hund kann in einer schlechten Tagesverfassung sein. Wiederholen Sie den Test in den drei darauffolgenden Tagen jeweils noch einmal. Sollte die Antwort jedesmal wieder »Ja« sein, gehen Sie zum Tierarzt, vor allem, wenn innerhalb dieser Tage auch noch Symptome aus Teil 2 oder 3 auftreten.
- Wenn Sie in Teil 2 eine oder mehrere Ja-Antworten gegeben haben, sollten Sie in absehbarer Zeit zum Tierarzt gehen. Nur er kann feststellen, ob eine ernstere Erkrankung vorliegt.

Rasch handeln
- Wenn Sie in Teil 3 auch nur einmal »Ja« gesagt haben, dürfen Sie das auf keinen Fall auf die leichte Schulter nehmen. Ihr Hund fühlt sich nicht wohl, die von Ihnen beobachteten Veränderungen können Anzeichen einer schweren Erkrankung sein. Gehen Sie umgehend zum Tierarzt. Beachten Sie auch die Symptom-Tabelle auf den Seiten 4 bis 7.

Beim Spielen und Balgen trainieren die Hunde ganz unbewußt ihren gesamten Körper.

Die richtige Ernährung

Man ist, was man ißt – das gilt für Mensch und Tier. Für das Wachstum des Hundes, sein Wohlbefinden und die Erhaltung seiner Gesundheit ist es außerordentlich wichtig, daß der Hund richtig, sprich artgerecht, ernährt wird.

Artgerechte Ernährung

Der Hund ist zwar ein Fleischfresser, er darf jedoch nicht ausschließlich mit Muskelfleisch ernährt werden. Sein Organismus gleicht dem seines Stammvaters, des Wolfes, und ist darauf eingestellt, pflanzenfressende Kleintiere zu verdauen und zu verwerten. Diese Beutetiere werden mit Haut und Haaren, mit Sehnen, Bändern und Knochen verschlungen. Der Magen und die Eingeweide des Opfers enthalten unverdauten Speisebrei, der überwiegend aus pflanzlichen Stoffen besteht. Auf diese Weise werden dem Körper Ballaststoffe, Eiweiß, Kohlenhydrate, Fette, Mineralstoffe wie Kalzium und Phosphor, Vitamine und Spurenelemente zugeführt.

Fertignahrung oder Selbstgekochtes?

Fertignahrung hat viele Vorteile: Sie ist problemlos und schnell zubereitet und enthält alles, was der Hund braucht. Sie kommt als Naß- und Trockenfutter oder als Flocken- und Gemüsekombination zum Beimischen auf den Markt.
Beim Füttern von Fertignahrung gibt es ein paar Regeln zu beachten:

- Dosenfutter mit Flocken mischen (2/3 Naßfutter, 1/3 Beimischung), um Durchfall zu vermeiden.
- Kommt das Dosenfutter direkt aus dem Kühlschrank, heißes Wasser hinzufügen – sonst kann der Hund Durchfall bekommen.
- Frisches Wasser für den Hund bereitstellen, wenn Sie Trockenfutter anbieten.

So ausgewogen Fertigfutter sein mag – auch der Hund freut sich über ein speziell für ihn gekochtes Menü. Worauf Sie dabei zu achten haben, erfahren Sie auf Seite 15.

Futterplatz und Futterzeiten

Wer ißt, hat dabei gerne seine Ruhe. So auch der Hund: Seine Futter- und Wasserschüsseln sollen an einem Platz stehen, an dem er ungestört fressen kann und der ihm rund um die Uhr zugänglich ist.
Führen Sie feste Essenszeiten ein, an die der Hund sich gewöhnen kann. Der erwachsene Hund sollte mittags die Hauptmahlzeit bekommen und abends noch eine kleine Zusatzration. Wenn diese Futterzeiten Ihrem Lebensrhythmus nicht entsprechen, können Sie die Hauptmahlzeit auf den Morgen oder den frühen Abend verlegen. Sie müssen in jedem Fall dafür sorgen, daß der Hund vier bis sechs Stunden nach dem Fressen beim »Gassigehen« sein »Geschäft« erledigen kann.

Trinken ist wichtig

Für den Hund muß immer frisches Wasser bereitstehen. Milch ist kein Getränk, das er täglich zu sich nehmen sollte, da sie unverdünnt abführende Wirkung hat. Vor allem bei alten Hunden kommt es oft vor, daß sie zu wenig trinken. Wenn Ihr Hund kein Wasser trinkt, aber Milch mag, bieten Sie ihm mit 50 % Wasser verdünnte Milch an. Kontrollieren Sie aber, ob er mit Durchfall reagiert.

Knochen für den Hund

Es ist für die Pflege des Gebisses wichtig, daß der Hund etwas zu beißen bekommt. Vor allem, wenn er überwiegend weiches Fertigfutter erhält, muß man zum Ausgleich Kauknochen aus Büffelhaut, Ochsenziemer, Hundekuchen oder Knochen geben.
Knochen sollte er nicht öfter als zweimal pro Woche bekommen. Am besten eignen sich Gelenkstücke von Kalb und Rind, sogenannte Kugelknochen. Vorsicht bei Geflügelknochen: Die Röhrenknochen splittern und können zu Verletzungen im Enddarmbereich führen (→ Seite 47). Schweinerippen, also Kotelettes oder Spare Ribs, nur in sehr geringen Mengen verfüttern. Wenn der Hund davon zuviel frißt, führt das zu Verstopfung mit steinhartem Kot, im Extremfall zu Darmverschluß (→ Seite 46).

Die Ernährung des jungen Hundes

Junge Hunde brauchen eiweiß- und mineralstoffreichere Nahrung als erwachsene. Der Zoofachhandel hält daher spezielle Welpenkost bereit. Wenn Sie einen jungen Hund bekommen, lassen Sie sich vom Vorbesitzer etwas vom gewohnten Futter mitgeben, das erleichtert dem Hund die Umstellung.
Ein junger Hund wird nach folgendem Zeitplan gefüttert:
- viermal täglich bis zum Alter von drei Monaten,
- dreimal täglich bis zum Alter von sechs Monaten,
- danach zweimal täglich.

Beim Fressen seines »Menüs« braucht der Hund Ruhe. Lassen Sie ihn allerdings nicht unbeaufsichtigt, wenn Süßigkeiten auf dem Tisch stehen. Selbst wohlerzogene Hunde können einer solchen Versuchung nicht widerstehen und schaden damit nur ihren Zähnen.

Die Ernährung des alten Hundes
Da Leber, Nieren und Darm im Alter nicht mehr so gut funktionieren, braucht der Hund kohlenhydratreiche Nahrung, die er leichter verdauen kann. Für den Speiseplan bedeutet das: reduzierte Fleischportionen, dafür mehr Flocken, Reis oder Gemüse. Bei bestimmten Krankheiten muß der Hund Diätfutter bekommen (→ Seite 24 und 25). Mehr über den alten Hund auf den Seiten 110 bis 113.

Falsche Ernährung macht krank
Auch Hunde haben Gewichtsprobleme. Dabei leiden sie in unseren Breiten weniger an Unterernährung und den daraus resultierenden Mangelerscheinungen. Vielmehr haben unsere Hunde Probleme, weil sie zuviel des Guten bekommen.
Überfütterung beginnt oft schon im Welpenalter. Manche Züchter, die besonders kräftige, große Hunde hervorbringen wollen, empfehlen, den wachsenden Hund mit einem Überangebot an eiweiß- und energiereicher Nahrung, an Vitaminen und Mineralien zu versorgen. Die Folge sind Wachstumsstörungen der Knochen und Gelenkserkrankungen (→ Seite 88 bis 94).
Ob Ihr Hund zu dick ist (→ Zeichnung), können Sie so feststellen: Tasten Sie hinter den Schultern auf mittlerer Höhe des Brustkorbs nach den Rippen. Sie dürfen nur mit einer geringen Fettschicht bedeckt sein und müssen sich gut ertasten lassen. Sind die Rippen nicht zu fühlen, ist der Hund zu dick.
Hündinnen sind in der Regel verfressener als Rüden, nach Kastration neigen beide Geschlechter zum übermäßigen Fressen. Auch bei alten Hunden, die sich nicht mehr viel bewegen, ist Übergewicht häufig. Gerade sie sollten aber schlank sein, denn Übergewicht fördert Gelenk- und Bandscheibenbeschwerden und belastet den Kreislauf.
Eine Diät ist notwendig, wenn Ihr Hund zu fett ist. Sie beweisen ihm dadurch Ihre Liebe mehr als durch all die Leckerbissen, die Sie ihm zuschieben. Die Abmagerungs-Diät für den Hund finden Sie auf Seite 25.
Wenn Sie Fertigfutter verwenden, sollten Sie darüber hinaus beachten, daß die Hersteller bei der Dosierung der Futtermengen gerne ein bißchen hoch greifen. Geben Sie daher weniger in die Schüssel, als auf der Packung angegeben ist.

Hundemenüs selbst zubereiten
Wenn er bekocht wird, freut sich der Hund. Um Mangelerscheinungen zu vermeiden, müssen Sie allerdings darauf achten, daß bestimmte Nahrungsbausteine in ausreichender Menge mit dem Futter zugeführt werden.
Eiweiß (Protein) ist vor allem in Fleisch, Fisch, Quark oder Hüttenkäse enthalten, kommt aber auch in bestimmten Pflanzen wie Sojabohnen vor. Vorwiegend im tierischen Eiweiß finden sich sogenannte essentielle Aminosäuren, die der Körper nicht selbst bilden kann. Sie müssen mit dem Futter zugeführt werden.
Rohes Fleisch ist relativ schwer verdaulich; man sollte Fleisch daher immer gekocht verfüttern. Schweinefleisch darf wegen der Gefahr der Übertragung von Toxoplasmose (→ Seite 101) und der Aujeszkyschen Krankheit (→ Fachbegriffe, Seite 114) nie roh gegeben werden. Bei rohem Geflügelfleisch besteht Salmonellengefahr (→ Seite 100).
Kohlenhydrate sind überwiegend in Getreide, Hundeflocken, Reis, Kartoffeln, Mais, aber auch in Mehlprodukten wie Nudeln, Brot oder Gebäck enthalten. Sie sind leicht ver-

Übergewicht führt zu Gesundheitsstörungen.

daulich und führen, vor allem wenn es sich um Vollkornprodukte handelt, dem Körper wesentliche Mineralstoffe und Vitamine zu.
Fette sind zum Teil im Fleisch, vor allem Schweinefleisch, mitenthalten. Sie sind der Hauptenergie-Lieferant für den Körper, da sie doppelt so kalorienhaltig wie Kohlenhydrate und Eiweiß sind. Vorwiegend in pflanzlichen Fetten und Ölen finden sich die sogenannten essentiellen Fettsäuren, die der Körper nur teilweise selbst bilden kann und die folglich mit der Nahrung zugeführt werden müssen.
Mineralien, Spurenelemente und Vitamine: Diese »Vitalstoffe« sind vor allem für den jungen Hund, aber auch für das alte und kranke Tier von großer Bedeutung. Sie sind Bestandteil aller wichtigen Körpersubstanzen und finden sich im Blut, in den Knochen und Muskeln und im Gewebe. Für den Stoffwechsel und die Bewegungsfunktionen sind sie unentbehrlich. Bei der Zufütterung von Hundeflocken, die mit Vitaminen angereichert sind, erübrigt sich die zusätzliche Gabe von Vitalstoffen. Vitamin- und Mineralstoffmischungen sind im Zoofachhandel und beim Tierarzt erhältlich.

- Eine selbstzubereitete Mischung sollte folgendes enthalten:
– 1/3 Bierhefeflocken,
– 2/3 Knochenmehl,
– Obst, Gemüse, Salat oder Petersilie zusätzlich dazuschneiden.

Die Gesamtfuttermenge hängt vom Gewicht des Hundes und dessen individuellem Bedarf ab. Die Bewegung, die der Hund hat, spielt hierbei eine Rolle, aber auch seine Fähigkeit, Futter zu verwerten. Die Mengenangaben in der folgenden Tabelle sind deshalb nur als Orientierung gedacht.

Selbstzubereitetes Hundefutter

Tagesbedarf	**60% Eiweiß**	**30% Kohlenhydrate**	**5 – 10% Fette**	**Vitalstoffe** Vitamine, Mineralien, Spurenelemente
Kleiner Hund, Körpergewicht 10 kg und darunter	150 – 200 g	75 – 100 g	1 Teelöffel Öl	1 Messerspitze
Mittelgroßer Hund, Körpergewicht um 20 kg	300 – 350 g	150 – 200 g	2 Teelöffel Öl	1 Teelöffel
Großer Hund, Körpergewicht 30 kg und darüber	500 – 700 g	250 – 350 g	1 Eßlöffel Öl	2 Teelöffel

Praxis für den Hundehalter

Maxi und Poldi sind acht Jahre alt. Als Herrchen und Frauchen sie damals vom Züchter holten, hatten sie keine Ahnung, was sie noch alles lernen mußten, um ihre Lieblinge richtig zu pflegen. Inzwischen sind sie perfekt: Im Fell der Hunde gibt es kein Filzknötchen, ihre Ohren sind sauber, die Pfoten gepflegt. Selbst von hinten sind sie ansehnlich, denn auch ihre Popos werden sauber gehalten. Wenn einer der Hunde krank ist, messen »seine Menschen« bei ihm Fieber, und sie wissen sogar, wie sie ihm die bittere Medizin einflößen, obwohl er das überhaupt nicht mag.

Fieber messen
Eine heiße, trockene Nase weist nicht auf Fieber beim Hund hin. Erhöhte Temperatur können Sie nur am Unterbauch oder den Innenschenkeln feststellen. Fühlen sich diese Regionen ungewöhnlich warm an, obwohl der Hund nicht abgehetzt ist, sollten Sie Fieber messen. Nehmen Sie dazu ein dünnes, unzerbrechliches Thermometer. Am besten eignen sich solche mit Digitalanzeige und Signalton, da sie schneller reagieren. Das Thermometer fetten Sie vorne mit Creme ein. Den stehenden Hund festhalten – am besten zu zweit –, seine Rute hochheben und das Thermometer leicht nach oben geneigt etwa 3 Zentimeter tief in den After einführen (→ Zeichnung, Seite 20). Ein herkömmliches Thermometer muß 2 bis 3 Minuten in dieser Position bleiben. Digitalthermometer können Sie bereits nach 1 Minute (nach Ertönen des Signals) wieder herausziehen. Liegt die Temperatur beim kleinen Hund über 39 °C, beim großen über 38,5 °C, hat er Fieber. Auch Untertemperatur (unter 38 °C) kann ein Zeichen von Krankheit sein.

Puls fühlen
Bei Verdacht auf eine Erkrankung sollten Sie auch den Puls des Hundes kontrollieren. Sie fühlen ihn am besten in der Mitte der Oberschenkelinnenseite. Wenn Sie die Fingerkuppen mit sanftem Druck auflegen, spüren Sie das Pulsieren der Oberschenkelarterie. Je nach Größe des Hundes liegt der Normalpuls zwischen 70 und 100 Pulsschlägen pro Minute; kleine Hunde haben eine höhere Pulsfrequenz als große.

Medizin eingeben
Flüssige Medikamente füllen Sie am besten in eine Einwegspritze ohne Nadel (aus der Apotheke oder vom Tierarzt). Führen Sie die Spritze seitlich zwischen den Zähnen ins Maul des Hundes (→ Zeichnung, Seite 30). Den Kopf des Tieres leicht hochhalten, die Flüssigkeit in kleinen Mengen so auf die Zunge spritzen, daß der Hund die Medizin schlucken muß.
Tabletten verstecken Sie in einem Leckerbissen, zum Beispiel in Leberwurst. Achten Sie darauf, daß der Hund die Tablette nicht wieder ausspuckt. Sollte es nicht klappen, so öffnen Sie das Maul des Hundes, legen die Tablette ganz hinten auf seine Zunge und schließen ihm das Maul wieder. Nun muß er die »bittere Pille« schlucken. Mit einer Einwegspritze können Sie etwas Wasser nachgeben, das läßt die Tablette leichter rutschen.
Zäpfchen machen Sie mit etwas Vaseline gleitfähig und schieben sie mit dem Finger möglichst tief in den After.

Die meisten Hunde lassen sich nur ungern baden. Aus hygienischen Gründen, bei starker Verschmutzung und bei Ungezieferbefall kann aber oft ein Bad nötig sein.

Schnauzenbinde anlegen
Bei starken Schmerzen, oder wenn der Hund unter Schock steht, kann es sein, daß er um sich beißt. Um ihm zu helfen, muß man ihm dann die Schnauze zubinden. Nehmen Sie dazu eine kräftige Binde von etwa 1 Meter Länge und formen Sie eine Schlinge, die Sie dem Hund über die Schnauze streifen. Ziehen Sie die Schlinge nur so fest zu, daß er durch die Nase ungestört atmen kann. Die beiden Enden der Binde werden unter der Schnauze über Kreuz gelegt und dann hinter den Ohren verknotet.

PRAXIS
Vorbeugende Pflegemaßnahmen

Die richtige Pflege des Hundes erschöpft sich nicht im kosmetischen Bereich. Der modische Haarschnitt und das Schleifchen in den Haarfransen sind zwar hübsch, aber wichtiger für die Gesundheit des Hundes ist, daß Ohren, Augen, Gebiß, Pfoten und After regelmäßig kontrolliert und gepflegt werden.

Fellpflege
Ihr Hund empfindet die Fellpflege als eine Form der Zuwendung, wenn Sie gefühlvoll vorgehen.
Bürsten Sie kurzhaarige Hunde einmal pro Woche, am besten mit einem Naturborstenstriegel. Langhaarige Hunde werden erst mit einem grobzinkigen Metallkamm vorgekämmt. Dann können Sie eine Drahtbürste verwenden. Je nach Feinheit der Haare muß der Hund täglich oder jeden zweiten Tag gekämmt werden.
Baden sollte man den Hund nur einmal im Monat. Nehmen Sie reizfreies Shampoo (Zoofachhandel) und schützen Sie beim Abduschen die Augen des Hundes mit der Hand. Ohne Shampoo abduschen können Sie ihn täglich. Das Fell gut abreiben, fönen oder in einem warmen Raum trocknen lassen, damit der Hund sich nicht erkältet.
Wichtig: Bei der Fellpflege darauf achten, ob der Hund Ungeziefer hat oder Veränderungen an der Haut wie Verkrustungen, eitrige Stellen, Rötungen (→ Seite 80 bis 84) feststellbar sind. Im Zoofachhandel oder beim Tierarzt können Sie einen Flohkamm erwerben, der so fein ist, daß er Nissen und Flohkot aus dem Fell kämmt.
Unter starken Verfilzungen im Fell können sich Ekzeme bilden. Versuchen Sie daher, verfilzte Haare behutsam mit den Fingern aufzulösen. Stärker verfilzte Stellen muß man mit größter Vorsicht herausschneiden. Um die Haut nicht zu verletzen, fahren Sie zuerst mit dem stumpfen Schenkel der Schere durch die verfilzten Haare. Heben Sie die Haut nicht hoch, wenn Sie zuschneiden. Versichern Sie sich, daß nur Fell zwischen den Schenkeln der Schere liegt.

1 | *Das Wattestäbchen senkrecht in die Ohrmuschel einführen.*

Ohrenpflege
Nach dem Baden und regelmäßig einmal im Monat sollten Sie Ihrem Hund in die Ohren sehen. Achten Sie dabei auf Verschmutzungen und Rötungen (→ Seite 77). Entfernen Sie übermäßiges Ohrenschmalz mit einem weichen, mit Babyöl getränkten Papiertuch. Ist der Gehörgang des Hundes stark behaart, so müssen Sie die Haare ganz vorsichtig mit den Fingern ausrupfen (keine Schere nehmen, Verletzungsgefahr!). An der dichten Behaarung bleibt sonst Ohrenschmalz hängen.
Wie man den Gehörgang mit einem Wattestäbchen reinigt, lassen Sie sich am besten von Ihrem Tierarzt zeigen. Das Wattestäbchen muß unbedingt senkrecht in die trichterförmige Ohrmuschel eingeführt werden (→ Zeichnung 1). Wenn man es horizontal ins Ohr schiebt, kann man das Trommelfell verletzen.

Augenpflege
Kontrollieren Sie, ob sich Sekret in den Augenwinkeln gebildet hat, und prüfen Sie, ob die Bindehaut gerötet ist (→ Seite 74), indem Sie das untere Lid des Hundes vorsichtig nach unten ziehen.
Mit einem weichen Papiertaschentuch können Sie das Sekret entfernen. Ist es bereits verhärtet, feuchten Sie das Tuch mit lauwarmer Kamillenlösung an und lösen die Verkrustungen vorsichtig auf.

Zahnpflege
Einmal im Vierteljahr muß Ihnen der Hund die Zähne zeigen (→ Zeichnung 2): Achten Sie dabei vor allem auf Zahnstein (→ Seite 40), der sich als bräunlicher Belag am Zahnhals zeigt. Das Zahnfleisch des Hundes darf weder wund noch entzündet sein. Wenn Sie wackelige oder abgebrochene Zähne entdecken oder der Hund übel aus dem Maul riecht, sollten Sie zum Tierarzt gehen.
Leidet ein Hund unter Parodontose, können Sie ihm regelmäßig die Zähne putzen. Spezialzahnpasta erhalten Sie beim Tierarzt oder im Zoofachhandel.

Pfotenpflege
Bei dichtbehaarten Pfoten müssen Sie die Haare zwischen den Ballen und Zehen vorsichtig herausschneiden, sonst bleiben

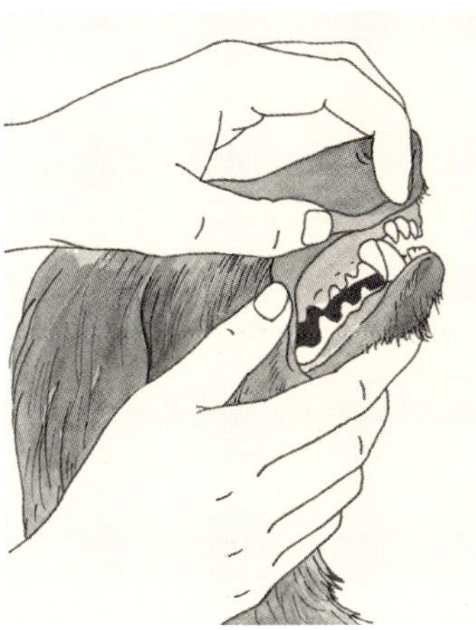

2| *Regelmäßig kontrollieren, ob sich Zahnstein gebildet hat.*

Steinchen und Kaugummi darin hängen. Im Winter, wenn der Hund mit Streusalz in Kontakt kommt, muß man Maßnahmen treffen, damit sich die Pfoten nicht entzünden. Cremen Sie dem Hund die Ballen und Zehenzwischenräume vor dem Spaziergang mit Vaseline ein und reiben Sie sie nach der Rückkehr trocken.
Wichtig: Wenn Sie blutende Risse oder Schnittverletzungen am Ballen entdecken, müssen Sie zum Tierarzt, da Wunden in dieser Region meist nicht von selbst heilen.

Krallenpflege
Ein Hund, der genug Bewegung hat, läuft sich in der Regel die Krallen ab. Eine besondere »Fußpflege« ist jedoch beim alten Hund nötig, da er sich weniger bewegt, und die Nägel im Alter schneller wachsen. Sie kann auch bei kleinen Hunden vonnöten sein, die sich wegen ihres geringeren Gewichts die Krallen nicht genug ablaufen. Die Krallenlänge prüfen Sie, indem Sie die Pfote des Hundes hochhalten. Reicht die Krallenspitze über die Ballenebene hinaus, muß sie gekürzt werden (→ Zeichnung 3).
Dies sollten Sie besser Ihrem Tierarzt überlassen. Ein Teil des Nagels ist nämlich mit Blutgefäßen und Nerven durchsetzt. Zu erkennen, wo man schneiden darf, ohne den Hund zu verletzen, ist vor allem bei dunklen Krallen für den Laien sehr schwierig.

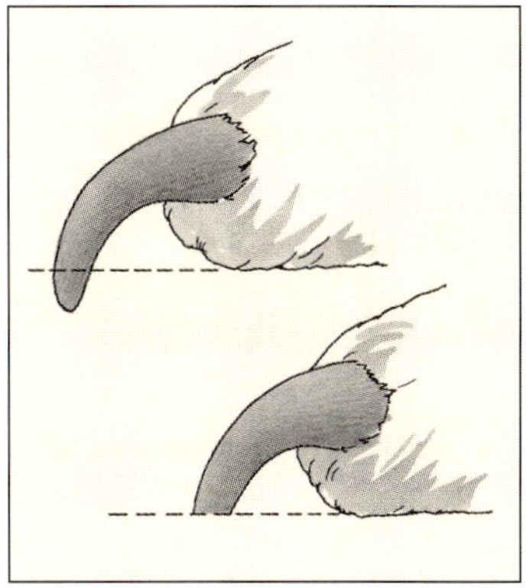

3| *Eine gedachte Linie hilft, die Krallenlänge zu überprüfen.*

Pflege des Afters und der Genitalregion
Wenn der After des Hundes verklebt ist, duscht man ihn ab oder reibt ihn mit einem feuchten Tuch sauber. Bei langhaarigen Hunden sollte man die Haare um den After wegschneiden, weil sie oft mit Sekret der Analdrüsen (→ Seite 49) und Kotteilen verkleben. Der Hund reagiert auf Verklebungen, indem er auf dem Hintern rutscht (»Schlitten fährt«).
Bei jungen Rüden kommt es oft vor, daß die behaarte Vorhautspitze des Penis eitrig verklebt ist. Der Hund muß in diesem Fall zum Arzt, der die Entzündung durch desinfizierende Spülungen und Antibiotika-Lösungen heilt.

PRAXIS Vorbereitung auf den Tierarztbesuch

Der Tierarzt sollte Ihren Hund nicht nur im akuten Krankheitsfall betreuen, sondern auch die Gesundheitsvorsorge betreiben. Gelegenheit dazu ergibt sich bei der jährlichen Impfung. Dieser Termin läßt sich auch gut zum Gesundheits-Check nützen. Ein alter Hund muß mindestens zweimal im Jahr zum Tierarzt.

Gut ausgerüstet zum Tierarzt
Wenn Sie sich auf den Tierarztbesuch vorbereiten, packen Sie den Impfpaß des Hundes ein und – falls vorhanden – den Nachweis über die Entwurmung. Nehmen Sie die Medikamente mit, die Sie dem Hund geben, außer solchen, die der Arzt selbst verordnet hat. Notieren Sie Ihre Beobachtungen, um dem Arzt Symptome beschreiben zu können, die das Tier zeigt (→ Seite 4 bis 7). Und bringen Sie Proben mit, falls Ihnen im Erbrochenen oder im Stuhl etwas Ungewöhnliches (Blut, Würmer, Fremdkörper) auffällt. Wenn Sie für Ihren Hund eine Krankenversicherung abgeschlossen haben (→ Fachbegriffe, Seite 117), vergessen Sie nicht, den Krankenschein mitzubringen.

Transport zum Tierarzt
Tierärzte machen nur in Ausnahmefällen Hausbesuche. Um eine Diagnose zu stellen, brauchen sie meist technische Geräte und geschultes Personal, beides ist in der Praxis vorhanden. Da fast alle Hunde daran gewöhnt sind, im Auto zu fahren, stellt es in der Regel kein Problem dar, das Tier zum Arzt zu bringen. In vielen Großstädten übernehmen spezielle Tiertaxis den Transport zum Tierarzt. Fragen Sie beim örtlichen Tierschutzverein nach. Kann der Hund nicht selbst gehen, tragen Sie ihn in seinem Korb.
Wichtig: Besondere Vorsicht ist beim Transport eines Unfallhundes geboten. Da man nie weiß, ob innere Verletzungen entstanden oder Knochen gebrochen sind, ist es wichtig, den Hund in einer stabilen Lage zu befördern. Ideal wäre es, ihn auf eine Liege oder ein Brett zu betten. Sind diese Hilfsmittel aber nicht vorhanden, kann man sich mit einer Decke behelfen, auf welcher der Hund mit Hilfe einer zweiten Person vorsichtig getragen wird (→ Seite 26). Bei Unfällen kann auch der Tierärztliche Notdienst nützlich sein.

Impftermine
Es ist für den Hund lebenswichtig, daß er regelmäßig seine Impfungen bekommt. Ein ungeschütztes Tier ist anfällig für Infektionskrankheiten, die tödlich verlaufen können und teilweise auf den Menschen übertragbar sind (→ Seite 98 bis 101). Geimpft wird gegen Tollwut, Staupe, Hepatitis, Parvovirose und Leptospirose, gelegentlich gegen Zwingerhusten. Da es gegen diese Krankheiten keine lebenslange Immunität gibt, muß die Impfung jährlich wiederholt werden – und zwar lebenslang.
Besonders anfällig ist der junge Hund, da sein Immunsystem noch nicht voll ausgebildet ist. Aber auch der alte Hund ist gefährdet. Es wäre unvernünftig, den Hund ab einem bestimmten Alter nicht mehr impfen zu lassen.
Den Impfpaß stellt der Tierarzt bei der ersten Impfung aus. Orientieren Sie sich am Datum der letzten Impfung und planen Sie nach folgendem Schema:

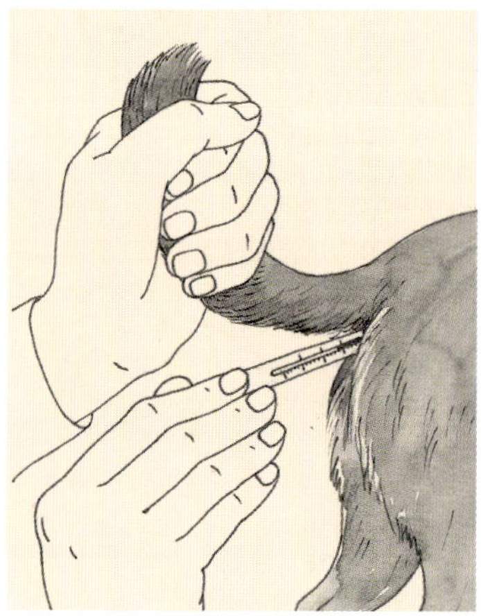

Zum Fiebermessen halten Sie den Schwanz des Hundes hoch und führen das Thermometer vorsichtig in den After.

Welpen werden im Alter von
- 8 bis 9 Wochen gegen Staupe, Hepatitis, Leptospirose, Parvovirose geimpft (in Beständen mit Parvovirose-Problemen sollte bereits im Alter von 5 bis 7 Wochen vorgeimpft werden);
- 12 bis 14 Wochen gegen Staupe, Hepatitis, Leptospirose, Parvovirose und Tollwut geimpft.

Erwachsene Hunde werden jährlich abwechselnd geimpft:
- 1. Jahr: 3fach-Impfung gegen Leptospirose, Parvovirose, Tollwut (der Impfschutz gegen Staupe und Hepatitis hält 2 Jahre);
- 2. Jahr: 5fach-Impfung gegen Staupe, Hepatitis, Leptospirose, Parvovirose, Tollwut;
- 3. Jahr: 3fach-Impfung;
- 4. Jahr: 5fach-Impfung,

und so weiter.

Um ganz sicherzugehen, propagiert man in letzter Zeit die jährliche 5fach-Impfung.

Entwurmung

Regelmäßige Entwurmung ist nötig: Zum einen, weil der durch Wurmbefall geschwächte Hund anfälliger für Infektionen ist, und zum anderen, weil Würmer auch auf den Menschen übertragbar sind. Besonders Kinder sind gefährdet (→ Parasiten, Seite 101).

Entwurmt wird im Alter von
- 6 Wochen,
- 8 Wochen (danach 1. Impfung),
- 12 Wochen (danach 2. Impfung),
- 6 Monaten,
- 9 Monaten.

Beim erwachsenen Hund sind zweimal im Jahr Wurmkuren nötig. Wenn der Hund Flöhe hat oder häufig nach Mäusen buddelt, muß man öfter entwurmen. Der häufigste Bandwurm beim Hund wird durch Flöhe übertragen. Da es verschiedene Wurmarten gibt (→ Seite 101 und 102), muß man zur Entwurmung ein Mittel verwenden, das ein möglichst breites Wirkungsspektrum hat. Lassen Sie sich von Ihrem Tierarzt beraten.

Wichtig: Die Entwurmungen sollten auch jeweils vor der Impfung durchgeführt werden, damit der Hund bei der Impfung völlig gesund ist.

Was der Tierarzt wissen muß

Es ist für die Diagnose und Behandlung eines kranken Hundes von entscheidender Bedeutung, daß Sie dem Tierarzt möglichst viele und genaue Informationen geben. Notieren Sie Ihre Beobachtungen am besten – auch wie lange der Hund schon bestimmte Symptome zeigt, wie sie sich äußern (zum Beispiel Körperhaltung bei bestimmten Schmerzen, Art des Hustens) und in welchen Situationen sie auftreten. Folgende Liste soll Ihnen Anhaltspunkte geben, welche Beobachtungen Sie dem Arzt mitteilen müssen.

Checkliste

Prüfen und notieren Sie:
- Wann und was hat der Hund zum letzten Mal gefressen und getrunken?
- Wann hat er zum letzten Mal Urin gelassen bzw. Kot abgesetzt? Hatte er dabei Schwierigkeiten?
- Wie war dieser Kot beschaffen? (Probe mitbringen). War Blut im Urin?
- Hat der Hund erbrochen? Wie oft, wieviel und was? (Probe mitbringen)
- Hat der Hund Blähungen oder Bauchgrimmen?
- Niest, hustet, speichelt oder würgt er?
- Hat er Fieber (Seite 16)? Wie hoch ist die Temperatur?
- Humpelt oder lahmt er? Seit wann? In welcher Situation?
- Steht er mit gekrümmtem Rücken oder hat er einen staksigen Gang?
- Hat er Probleme beim Aufstehen?
- Bleibt der Hund vor Treppen stehen oder weigert er sich, ins Auto zu springen?
- Schleckt, kratzt oder beißt er an bestimmten Körperregionen?
- Rutscht er auf dem Hintern und versucht, am Schwanz zu schlecken?
- Schüttelt er oft den Kopf und kratzt an den Ohren?
- Bereitet ihm das Berühren bestimmter Körperteile Schmerzen?

PRAXIS
Pflege des kranken Hundes

Der Tierarzt hat die Diagnose gestellt und über die Behandlungsmaßnahmen entschieden. Vielleicht wird eine Operation nötig sein, vielleicht werden Sie Ihren Liebling über längere Zeit zu Hause behandeln müssen. Damit Ihr Hund gesund wird oder sich trotz einer chronischen Krankheit den Rest seines Lebens wohlfühlen kann, braucht er Ihre Hilfe.

Narkosevorbereitung

Narkose ist nicht nur bei einem operativen Eingriff nötig. Leichte Narkosen werden auch oft beim Entfernen des Zahnsteins oder bei Ohrenspülungen gegeben, um dem Hund Schmerzen zu ersparen und ihn ruhigzustellen.

Auf eine Narkose müssen Sie Ihren Hund vorbereiten: 12 Stunden vor dem Termin nicht mehr füttern – trinken darf er. Wichtig: Hat der Hund eine größere Operation (Kastration, Tumorentfernung oder Knochenoperation) vor sich, sollte er unbedingt vorher gebadet werden. So verringert sich das Infektionsrisiko.

Nachsorge nach der Narkose

In der Regel bekommen Sie den frisch operierten Hund erst dann mit nach Hause, wenn kein Risiko mehr besteht und er – zwar noch müde und benebelt – aber bereits aus der Narkose erwacht ist. Alte und dicke Hunde schlafen jedoch länger nach. Folgendes müssen Sie beachten, wenn Sie den Hund noch schlafend mit nach Hause nehmen:

- Unterkühlung verhindern, indem Sie das Tier beim Transport und zu Hause zudecken oder es unter eine Rotlichtlampe legen.
- Das Maul öffnen und die Zunge herauslegen, damit der Hund nicht erstickt.
- Die Atmung kontrollieren. Der Hund soll alle 5 bis 8 Sekunden einen Atemzug machen.
- Den Puls kontrollieren (→ Seite 16).

Wichtig: Nach einer Operation sollte der Hund 12 Stunden lang nichts zu fressen bekommen; trinken darf er bereits 6 Stunden nach dem Eingriff.

Hunde, die am Verband zerren, brauchen eine Halskrause.

Wundpflege

Kleine Wunden werden in der Regel vom Tierarzt nicht verbunden, damit sie an der Luft schneller verheilen können – außer es ist anzunehmen, daß der Hund daran schleckt. Eine unverbundene Wunde müssen Sie mit einem Papiertuch oder mit Watte 2- bis 3mal pro Tag abtupfen; wurde eine Drainage (→ Fachbegriffe, Seite 115) gelegt, ist das Abtupfen öfter nötig. Die so getrocknete Wunde behandeln Sie anschließend mit Wundspray oder Wundpuder.

Wichtig: Verwenden Sie keine Salbe. Sie weicht die Wunde auf.

Verbandwechsel

Je nachdem, wie sehr die Wunde näßt, ist ein Verbandwechsel 2mal täglich oder auch nur alle 2 Tage nötig. Um den Verband zu erneuern, brauchen Sie eine Kompresse – sterile Gazepäckchen gibt es in der Apotheke – und eine neue Binde. Legen Sie, nachdem Sie die Wunde versorgt haben (→ oben) die Gaze auf die Wunde und wickeln Sie die Binde nicht zu fest, aber auch nicht zu locker um den Körperteil.

Körperverband: Muß der Hund, zum Beispiel nach der Kastration, einen Körperverband tragen, können Sie eine Schlauchbinde kaufen (in der Apotheke erhältlich) oder ihm selbst ein Trikot

schneidern, zum Beispiel aus einem T-Shirt oder einer alten Strumpfhose (→ Bild, Seite 80).
Wichtig: Verkleben Sie Wunden nicht mit einem Pflaster. Unter der Klebefläche wird die Haut des Hundes wund, beim Entfernen reißen Sie dem Hund Haare und zum Teil sogar Haut aus.

Halskrause
Bei Hunden, die sich alle Verbände vom Leib reißen, kann es nötig sein, ihnen in der Nacht oder wenn sie unbeaufsichtigt sind, eine Halskrause anzulegen. Diese trichterartigen Vorrichtungen (→ Zeichnung, Seite 22) bekommen Sie vom Tierarzt.

Insulinspritzen
Leidet Ihr Hund an Zuckerkrankheit, müssen Sie ihm 1 bis 2mal am Tag eine Insulinspritze zur Senkung des Zuckerspiegels unter die Haut geben (die Spritze mit Nadel erhalten Sie vom Tierarzt). Suchen Sie sich eine Stelle, wo die Haut elastisch ist (Nacken, Rücken und seitlicher Rumpf), heben Sie die Haut mit 3 Fingern zeltartig hoch und stechen Sie mit der Nadel in den Hohlraum unter der Zeltspitze. Lassen Sie die Haut jetzt los, versichern Sie sich, daß die Nadelspitze unter der Haut ist und nicht durchgestochen wurde. Schieben Sie nun mit der Hand, die die Hautfalte hochgehalten hat, den Kolben in die Spritze.
Wichtig: Wechseln Sie bei jeder Spritze die Einstichstelle.

Inhalation
Hat der Arzt Inhalationen für den Hund verordnet, erhitzt man Kamillensud (in der Apotheke erhältlich) in einem Topf und breitet eine Decke zeltartig darüber. Anschließend versucht man, den Hund dazu zu animieren, den Kopf unter die Decke zu halten, damit er die Dämpfe einatmet. Die wenigsten Hunde lassen sich das gefallen.
Mehr Erfolg haben Sie mit einem Inhalator auf Ultraschallbasis, den Sie in der Apotheke oder im medizinischen Fachhandel erhalten. Der Hund atmet die Dämpfe und Medikamente über eine Art Trichter ein (→ Zeichnung, Seite 55).

Medizinische Bäder
Dosieren Sie das Spezial-Shampoo (vom Tierarzt oder Zoofachhandel) generell sparsam: Vergessen Sie nicht, daß Bademittel gegen Flöhe oder andere Parasiten Insektizide, sprich Gifte, enthalten.
• Schützen Sie die Augen vor dem Schamponieren durch das Auftragen einer Augensalbe und stopfen Sie ölgetränkte Watte in die Ohren.
• Lassen Sie die Lösung 5 bis 10 Minuten einwirken, spülen Sie dann mit klarem Wasser gut nach, bevor Sie den Hund abrubbeln. Die Mittel nicht gänzlich ausspülen. Damit sie ihre Wirkung tun, muß ein kleiner Rest auf dem Fell verbleiben.
Wichtig: Vermeiden Sie, daß der Hund während des Bades Wasser schlabbert. Waschen Sie sich anschließend gründlich die Hände. Bei empfindlicher Haut oder Neigung zu Allergien tragen Sie am besten Einmalhandschuhe (→ Wichtige Hinweise, Seite 127).

Einreiben der Haut
Bei Hauterkrankungen, zum Beispiel Pilzbefall oder Räude (→ Seite 81 und 82), ist oft eine Ganzkörper-Behandlung des geschorenen Hundes nötig.
Von den Mitteln, mit denen man die Haut einreibt, darf man nicht zuviel auftragen; sie sollen nicht in zu großer Menge über die Haut aufgenommen werden. Deshalb am Vormittag die vordere Körperhälfte einreiben, am Nachmittag dann die hintere. Um zu vermeiden, daß der Hund die Salbe abschleckt, was zu Vergiftungserscheinungen führen kann, sollten Sie ihn nach dem Einreiben eine Weile festhalten oder ablenken, indem Sie mit ihm spazierengehen.
Wichtig: Waschen Sie sich nach dem Einreiben des Hundes gründlich die Hände (→ oben).

Augensalben und -tropfen
Augentropfen einträufeln: Das untere Lid leicht anheben und 2 bis 3 Tropfen hinter das Lid träufeln.
Augensalbe auftragen: Das obere Lid leicht anheben und einen 5 bis 10 mm langen Salbenstreifen unter das Lid legen.

PRAXIS
Diäten für den Krankheitsfall

Oft ist neben der Behandlung mit Medikamenten noch eine geeignete Diät nötig. Bei bestimmten Erkrankungen der Niere, Leber und Bauchspeicheldrüse (→ Seite 66, 50, 51), aber auch bei Zuckerkrankheit (→ Seite 87) und Futterallergien muß der Hund sogar lebenslang mit der entsprechenden Diät gefüttert werden. Näheres über die Bestandteile der Nahrung können Sie auf den Seiten 14 und 15 nachlesen.

Magen-Darm-Diät
Beschwerden im Magen-Darm-Bereich sind mit Erbrechen und Durchfall verbunden. Den Hund deshalb vor Beginn der Diät 1 Tag hungern lassen und an diesem Tag statt Wasser schwarzen Tee mit Süßstoff in kleinen Mengen anbieten oder eingeben.
Die Zutaten der Diät müssen
• kohlenhydratreich (ca. 70%),
• eiweißarm (etwa 30%) und
• sehr fettarm sein.
Das ideale Rezept:
• 70% Haferschleim oder Reisbrei, mit Fleischbrühe schmackhaft gemacht,
• 30% zerkleinertes Hühnerfleisch,
• 1 Teelöffel pflanzliches Öl je 10 kg Körpergewicht,
• 1/2 Teelöffel Vitamin-Mineralstoff-Mischung je 10 kg Körpergewicht bei Diät über einen längeren Zeitraum.
Wichtig: Das Diätfutter in 3 bis 4 Rationen über den Tag verteilt geben. Der Hund bekommt nur schwarzen Tee mit Süßstoff zu trinken.
Als Fertigfutter erhalten Sie Magen-Darm-Diäten beim Tierarzt.

Futtermenge bei Diäten
Die Futtermenge richtet sich nach dem individuellen Bedarf des Hundes und kann je nach Alter und Bewegung, vor allem aber nach der Fähigkeit, die Nahrungsstoffe zu verwerten, bei den einzelnen Hunden sehr unterschiedlich sein. Zur groben Orientierung gilt:
• Pro Tag 250 g Gesamtfutter je 10 kg Körpergewicht des Hundes.

Nieren-Diät
Die Nieren filtern Harnstoff und Harnsäure aus dem Blut, deren Verbleib im Körper des Hundes lebensbedrohlich wäre. Vor allem eiweißreiche Fleischnahrung belastet die Nieren.
Die Zutaten der Diät müssen
• eiweißarm (10 bis 20% Eiweiß),
• kohlenhydratreich (70 bis 80% Kohlenhydrate) und
• fettarm (bis zu 10 % Fett) sein.
Das ideale Rezept:
• 20 % gedünsteter oder gebratener Fisch,
• 80 % Reis oder Kartoffelbrei,
• 1 Teelöffel pflanzliches Öl,
• 2 bis 3 g Kochsalz je 10 kg Körpergewicht.
Salz ist für die Nierenfunktion notwendig und muß auch im normalen Futter immer enthalten sein. Der nierenkranke Hund hat einen erhöhten Salzbedarf.
Wichtig: Bei gleichzeitig auftretendem Herzfehler muß der Salzgehalt eingeschränkt werden.
Als Fertigfutter (Trocken- oder Dosenfutter) sind Nieren-Diäten beim Tierarzt erhältlich.

Leber-Diät
Eine leichtverdauliche Diät ist vor allem bei einem chronischen Leberschaden (Seite 50) wichtig. Sie soll die Leber entlasten, ihre Regeneration und Entfettung unterstützen.
Die Zutaten der Diät sollen
• kohlenhydratreich (75%),
• eiweißarm (25%) und
• nahezu fettfrei sein.
Das ideale Rezept:
• 25% Hüttenkäse oder Quark (Magerstufe),
• 75% Reis, Grieß oder Haferbrei,
• mit Traubenzucker, Honig oder Marmelade süßen,
• 1 Teelöffel pflanzliches Öl je 10 kg Körpergewicht,
• 1/2 Teelöffel Vitamin-Mineralstoff-Mischung je 10 kg Körpergewicht.
Wichtig: Die Hundezähne leiden unter Süßem nicht, wenn Sie dem Hund genug zum Kauen geben (altbackenes Brot, Kau- oder Kugelknochen).

Als Fertigfutter eignen sich Magen-Darm-Diäten (beim Tierarzt erhältlich) mit 10% Hundeflocken-Zusatz.

Bauchspeicheldrüsen-Diät
Die Zutaten der Pankreas-Diät müssen

- reich an leicht verdaulichem Eiweiß (60%) sein,
- mäßig Kohlenhydrate (30%) und
- bis zu 10% Fett enthalten.

Das ideale Rezept:

- 60% durchwachsenes Rind- oder Schweinefleisch (aber nie roh geben), das die nötigen 10% Fett schon enthält,
- 30% Kartoffeln, Nudeln oder Reis,
- Rinderpankreas-Gewebe (beim Metzger oder im Schlachthof erhältlich) oder Pankreas-Pulver (beim Tierarzt erhältlich), wobei sich die Menge nach der Stärke der Beschwerden richtet.

Wichtig: Futter zur besseren Verdauung vor dem Verfüttern mit Pankreasgewebe oder Pulver vermischen und 1 Tag im Eisschrank aufbewahren oder 4 Stunden bei Zimmertemperatur stehen lassen.
Das Futter wird durch den Zusatz von Pankreasfermenten im Napf quasi vorverdaut. In 3 bis 4 Rationen über den Tag verteilt geben.
Als Fertigfutter eignen sich Magen-Darm-Diäten (beim Tierarzt erhältlich) mit 20% Fleischzusatz.

Abmagerungs-Diät
Vor allem kastrierte Hunde oder Hunde mit hormonellen Störungen fressen in ihrem »Müllschlucker-Drang« alles in sich hinein. Um diesen Drang zu lindern, sollte man Futter geben, das reich an Rohfasern und Ballaststoffen ist.
Das ideale Rezept:

- 50% gekochtes Gemüse aller Art (außer Kartoffeln) als Kohlenhydratersatz,
- 25% Getreidekleie, Luzernengrünmehl oder Rübentrockenschnitzel (erhältlich in Bioläden),
- 25% Pansen, Euter oder Lunge als Fleischersatz,
- 1 Teelöffel pflanzliches Öl je 10 kg Körpergewicht,
- 1/2 Teelöffel Vitamin-Mineralstoff-Mischung je 10 kg Körpergewicht.

Wichtig: Fleisch sollte immer ohne Fett, Milchprodukte nur in Magerstufen zugefüttert werden.
Als Fertigfutter (Trocken- oder Dosenfutter) erhalten Sie Abmagerungs-Diäten beim Tierarzt oder im Zoofachhandel.

Diabetiker-Diät
Auch zuckerkranke Hunde brauchen Zucker (Kohlenhydrate) in ihrem Futter. Bei einer reinen Ernährung mit Fleisch (Eiweiß) kommt es zu Nieren-Problemen und Mangelerscheinungen.
Die Zutaten der Diät müssen

- zu 60 bis 70% aus Eiweiß,
- zu 20 bis 30% aus Kohlenhydraten und
- zu 5 bis 10% aus Fett bestehen (beim Diabetiker ist auch der Fettstoffwechsel gestört).

Das ideale Rezept:
Siehe Pankreas-Diät.
Wichtig: Bewährt haben sich 3 Fütterungen am Tag im Abstand von 4 bis 6 Stunden, wobei die Nahrungsmenge von Mal zu Mal um etwa die Hälfte verringert wird.
Als Fertigfutter eignen sich Magen-Darm-Diäten (beim Tierarzt erhältlich) mit 20% Fleischzusatz.

Allergie-Diät
Vor allem Trockenfutter löst durch die enthaltenen Konservierungsstoffe gelegentlich Futterallergien aus. Aber auch bei selbstgekochtem Futter können Allergien in Form von Durchfall oder Hauterkrankungen auftreten. Man versucht dann durch eine möglichst neutrale, allergieunverdächtige Diät herauszufinden, worauf der Hund allergisch reagiert.
Das ideale Rezept:

- 50% Lammfleisch, Geflügel oder Quark und
- 50% Reis.

Wichtig: Diät 1 Woche lang füttern, bis die Symptome verschwinden. Dann die einzelnen Bestandteile des Futters, das die Allergie ausgelöst hat, hintereinander wieder zufüttern, um so die Ursache zu finden.
Als Fertigfutter erhalten Sie Allergie-Diäten beim Tierarzt.

PRAXIS Maßnahmen bei Unfällen

Nur einen Augenblick nicht aufgepaßt, und schon ist es passiert: Ihr Hund ist spontan über die Straße gelaufen und trotz Vollbremsung des Fahrers hat ihn das Auto erwischt. Die Verletzungen, die sich der Hund dabei zuziehen kann, hängen davon ab, welche Körperteile beim Aufprall betroffen sind, und durch welche Autoteile die Verletzungen verursacht wurden.
Verletzungen entstehen aber nicht nur bei Autounfällen, sondern oft auch bei Raufereien. Dabei können sich die Hunde gegenseitig schlimme Bißwunden zufügen.

1 | *Das Bein oberhalb des Ellbogens oder der Ferse abbinden.*

Erste Notmaßnahmen bei einem Unfall

Versuchen Sie nach einem Unfall Ihren Hund zu beruhigen, indem Sie sanft auf ihn einreden. Verschaffen Sie sich zunächst nur durch genaues Beobachten – soweit möglich – einen Überblick über seine Verletzungen.

- **Blutungen stillen.**
Vor allem pulsierende Blutungen müssen Sie mit einer Binde aus möglichst elastischem Stoff sofort unterbinden. Dazu müssen Sie das Bein oberhalb der Ferse beziehungsweise des Ellbogens abbinden (→ Zeichnung 1). Haben Sie keine elastische Binde zur Hand, können Sie im Notfall auch mit Strumpf oder Socke abbinden – Hauptsache, das Material ist elastisch. Der Verband muß aber alle 30 Minuten gelöst werden, da sonst das Bein absterben könnte.
Bei größeren flächenhaften Blutungen ist ein Druckverband anzulegen
(→ Zeichnung, Seite 27).

- **Atemwege freihalten.**
Hat der Hund das Bewußtsein verloren, müssen Sie dafür sorgen, daß er ungehindert atmen kann. Öffnen Sie den Fang und kontrollieren Sie, ob die Atemwege frei sind. Erbrochenes muß aus dem Maul geholt werden. Danach ziehen Sie die Zunge leicht heraus und legen sie seitlich zwischen die Zähne.

- **Sich selbst vor Verletzung schützen.**
Fassen Sie Ihren Hund nach dem Unfall nicht spontan an. Bei Schmerzen oder bedingt durch den Unfallschock können Hunde selbst den Besitzer beißen. Wenn Sie zum Beispiel einen provisorischen Verband anlegen müssen (→ Erste Hilfe, Seite 128), ist es daher nötig, dem Hund vorher die Schnauze mit einer Binde zuzubinden (→ Seite 17). Achten Sie aber darauf, daß die Nase frei bleibt.

- **Den Hund zum Tierarzt bringen.**
Nach diesen ersten Maßnahmen müssen Sie den Hund so schnell wie möglich zum Tierarzt bringen. Eine Decke eignet sich als Trage für den Transport (→ Zeichnung, Seite 28). Bei Verdacht auf Verletzungen der Wirbelsäule sollte die Decke von unten noch durch ein Brett oder eine Platte gestützt werden (→ auch Seite 128).

Unfallschock
Nach einem Unfall befindet sich der Hund meist in einem Schockzustand. Dabei werden lebenswichtige Organe nur mehr ungenügend mit Blut und Sauerstoff versorgt.
Symptome: Blasse Schleimhäute, beschleunigter Puls und schnelles Atmen, Untertemperatur, Mattigkeit, Ohnmacht.
Erste Hilfe: Sorgen Sie zunächst dafür, daß der Hund bequem auf einer Seite liegt, mit einer Decke warm gehalten wird, frei atmen kann (→ Seite 26) und genug frische Luft bekommt. Anschließend sofort zum Tierarzt transportieren. Durch Zufuhr von Sauerstoff, kreislaufstützende Medikamente und Infusionen erholt sich der Hund meist innerhalb von 1 Stunde von seinem Schock.

Freie Luft im Brustraum
Prallt der Körper des Hundes beim Unfall im Bereich des Brustkorbes auf, entstehen häufig kleine Lungenrisse. Durch sie wird Luft aus der Lunge gepreßt, die als freie Luft im Brustkorb die Lunge einengt (Pneumothorax).
Ein Aufprall im Bauchbereich kann auch zu einem Zwerchfellriß führen (→ Seite 58).
Symptome: Pumpende Atmung.
Erste Hilfe: Sie müssen dafür sorgen, daß der Hund ungehindert atmen kann (→ Seite 26). Er sollte mit dem Rücken nach oben gelagert werden (eventuell durch Polster oder eingerollte Decken stützen). Danach Transport zum Tierarzt.

Brustwandverletzung
Durch spitze Gegenstände oder Rippenbrüche kann die Brustwand durchbohrt werden.
Symptome: Bei jedem Atemzug »fauchendes« Austreten von Luft aus der Wunde.
Erste Hilfe: Solche Wunden mit einem sauberen Tuch, Papiertaschentuch oder einer Kompresse sofort abdecken und anschließend mit einem Druckverband über den ganzen Brustkorb (→ Zeichnung 2) möglichst dicht verschließen. Es kann sonst zu einem Pneumothorax oder einer Brustfellentzündung (→ Seite 57) kommen. Den Hund zum Tierarzt bringen.

Stumpfes Bauchtrauma
Durch Verletzungen an abgerundeten Gegenständen können im Bauchbereich innere Organe wie Milz, Leber, Darm, Blase oder Niere so gequetscht werden, daß sie reißen.
- Bei Milz-, Leber- oder Nierenriß kommt es meist zu starkem Blutverlust in die Bauchhöhle.

Symptome: Blasse Schleimhäute, schmerzhafter Bauch, Verschlechterung des Allgemeinbefindens innerhalb von Minuten bis Stunden.
Wichtig: Bringen Sie den Hund bei zunehmender Blässe der Schleimhäute, auch wenn äußerlich keine Verletzungen zu erkennen sind, sofort zum Tierarzt.

2 *Den Brustverband mit elastischen Binden anlegen und über die Schulter nach vorne fixieren. Mit Heftpflaster gut verkleben.*

- Bei Darm- oder Blasenriß ohne größere Blutungen treten deutliche Symptome nach anfänglicher Schmerzhaftigkeit des Bauches erst innerhalb von 1 bis 3 Tagen durch die zunehmende Bauchfellentzündung (→ Seite 51) auf.

Symptome: Hohes Fieber, Apathie, hochgradig schmerzhafter Bauch, Erbrechen.
Wichtig: Den Hund umgehend

zum Tierarzt bringen. Mit Hilfe von Röntgenaufnahmen – mit Kontrastdarstellung von Darm und Blase – kann der Tierarzt die genaue Diagnose stellen und durch eine rechtzeitig vorgenommene Operation Ihrem Hund auch helfen.

Gehirnerschütterung
Bei Verletzungen am Kopf kann es durch die Erschütterung zu Schwellungen der Gehirnhäute (Ödeme) kommen, die zentralnervöse Störungen (→ Fachbegriffe, Seite 119) zur Folge haben.
Symptome: Benommenheit, Taumeln, Kopfwackeln, Augenzittern, ungleich große Pupillen, Speicheln, Erbrechen, epileptische Anfälle.
Erste Hilfe: Sorgen Sie für absolute Ruhe und lagern Sie den Hund bequem. Beruhigen Sie ihn, wenn nötig, und halten Sie seine Atemwege frei (→ Seite 26). Unterkühlung vermeiden, indem Sie den Hund mit einer Decke wärmen. Baldmöglichst zum Tierarzt bringen.

Rückenmarksverletzungen
Die Wirbelsäule schützt das im Wirbelkanal gelegene Rückenmark. Durch Unfall oder Sturz kann es infolge von Wirbelbrüchen zu Quetschungen des Rückenmarks kommen.
Symptome: Schmerzhaftigkeit und Verkrampfung des Rückens, Lähmungserscheinungen, Empfindungslosigkeit der Beine.
Wichtig: Den Hund bei Verdacht auf Verletzungen der Wirbelsäule sofort zum Tierarzt bringen. Beim Transport besondere Vorsicht walten lassen (→ Seite 26 und 128).

Knochenbrüche, Verrenkungen und Zerrungen
Häufig entstehen bei Unfall oder Sturz Knochenbrüche (Frakturen). Bleibt die Haut über der Bruchstelle intakt, spricht man von einer »geschlossenen Fraktur«. Hat der gebrochene Knochen die Haut durchbohrt, handelt es sich um einen »offenen Bruch«, bei dem es leicht zu Entzündungen kommen kann.
Verrenkungen (Luxationen) entstehen, wenn der Knochen aus dem Gelenk geschoben wird. Bei Zerrungen sind Muskeln und Sehnen überdehnt worden. Beides ist nur schwer von einer geschlossenen Fraktur zu unterscheiden.
Symptome: Knackgeräusche bei falscher Bewegung, hochgradige Lahmheit ohne Belastung; Schwellung, Verformung, Abknicken im Bereich der Verletzung; Knochen können freiliegen.
Erste Hilfe: Dem Hund – wenn nötig – eine Schnauzenbinde anlegen (Seite 17), damit er Sie nicht beißt. Die verletzte Gliedmaße so wenig wie möglich bewegen, eventuell mit einer provisorischen Schiene ruhigstellen (→ Seite 128). Lagern Sie den Hund mit Hilfe einer zusammengerollten Decke möglichst schonend und halten Sie ihn mit einer weiteren Decke warm. Liegt der Knochen frei, so decken Sie ihn am besten mit einem sauberen Tuch ab, um die Infektionsgefahr zu verringern. Den Hund sofort zum Tierarzt bringen.
Knochenheilung: Das Zusammenwachsen von Brüchen ist nur durch möglichst perfektes Wiederzusammensetzen (Reponieren) und Ruhigstellen der Bruchteile möglich.

1 | *Falls keine stabile Unterlage zur Hand ist, kann man den verunglückten Hund auch auf einer Decke transportieren.*

• Durch Verband und Schiene (aus Aluminium oder verformbaren Plastikbinden) wird der Bruch für mindestens 3 Wochen ruhiggestellt. Dies funktioniert nur bei Rippenbrüchen oder Frakturen von Röhrenknochen unterhalb des Ellbogens und des Knies. Wöchentliche Kontrolle mit Verbandwechsel ist nötig.

• Operative Versorgung von Brüchen: Die sogenannte Osteosynthese (→ Fachbegriffe, Seite 118) wird bei allen Frakturen, die nicht geschient werden können, durchgeführt. Dies gilt insbesondere für Brüche, die nahe an einem Gelenk liegen und bei denen kleine Bruchstücke abgesplittert sind.
Zur Stabilisierung der Knochen werden Bohrdrähte und größere Hohlnägel, Schrauben oder Platten verwendet. Solche Implantate müssen in der Regel nach 2 bis 3 Monaten wieder entfernt werden.

• Operative Versorgung von Bänderrissen und Gelenksluxationen (Ausrenkungen): Bänder- oder Kapselrisse, die bei Gelenksluxationen nicht zu verhindern sind, müssen operativ vernäht oder auch häufig ersetzt werden (zum Beispiel Kreuzbandersatz im Knie).

2 | Nach jeder Rauferei sollten Sie Ihren Hund auf Bißwunden untersuchen und diese vom Tierarzt begutachten lassen.

Bißverletzungen

Durch übermäßige Aggressivität von Hunden kommt es immer wieder zu Bißverletzungen. Sie sollten Ihren Hund deshalb nach jeder Beißerei gründlich untersuchen. Im dichten Fell bleiben Bißverletzungen sonst unentdeckt und können sich zum Abszeß entwickeln, wenn der Fangzahn des Gegners die Haut durchbohrt hat.
Erste Hilfe: Hat sich der Hund eine blutende Wunde zugezogen, müssen Sie diese mit einem sauberen Tuch abdecken. Sprudelt das Blut aus der Wunde, legen Sie einen Druckverband an oder üben notfalls mit der Hand Druck auf das betroffene Gefäß aus, damit der Hund nicht verblutet. Anschließend das Tier sofort zum Tierarzt bringen.
Um eine Vereiterung zu vermeiden, muß der Tierarzt die Wunde weiter aufschneiden, eingebissene Haare und Verschmutzung entfernen und eine Drainage (→ Fachbegriffe, Seite 115) legen, damit das Wundsekret abfließen kann.
Wichtig: Ein Abszeß kann sich auch erst Tage nach der Rauferei bilden und zu Fieber, Apathie, Appetitverlust und Blutvergiftung führen. Gehen Sie daher mit allen Bißverletzungen zum Tierarzt.

Verbrennungen

Am häufigsten entstehen Verbrennungen durch Verbrühungen mit heißem Wasser und Öl oder durch Berührung mit einer heißen Oberfläche (Ofentür oder Herdplatte). Auch bei Befeuchtung des Felles mit einer ätzenden Flüssigkeit können Verbrennungen auftreten.
Symptome: Die Haut ist rot und schmerzhaft, weißlich oder braun verfärbt; die Haare sind an der betreffenden Stelle versengt oder fehlen; es bilden sich Blasen, unter denen die Haut wund und schrumpelig ist.
Erste Hilfe: Kühlen Sie die betroffene Stelle möglichst schnell mit fließendem kalten Wasser oder legen Sie einen Eisbeutel auf. Das Wasser hat bei Verätzungen einen Spülungs- und Verdünnungseffekt.
Sind die tiefen Hautschichten geschädigt, decken Sie die Wunde mit einem sauberen Tuch oder Verband ab und bringen den Hund sofort zum Tierarzt.

PRAXIS Soforthilfe bei Vergiftungen

Gifte sind Substanzen, die im Körper schwere Krankheiten auslösen und sogar zum Tod führen können. Wir und damit auch unsere Hunde kommen auf verschiedene Weise damit in Berührung, zum Beispiel über Rattengift, Medikamente, Pflanzenschutz- oder Desinfektionsmittel. Viel zu häufig wird von Hundebesitzern und leider auch von Tierärzten die vage Vermutung von Vergiftungsverdacht ausgesprochen. Nur bei sehr eindeutigen Symptomen oder nach Giftnachweis ist eine Vergiftung anzunehmen. Viele andere Erkrankungen können nämlich Symptome hervorrufen, die einer Vergiftung ähnlich sind. Wenn Sie allerdings beobachtet haben, daß Ihr Hund Gift gefressen hat oder damit in Kontakt gekommen ist, müssen Sie ihn sofort zum Tierarzt bringen. Warten Sie nicht erst ab, bis die ersten Vergiftungserscheinungen auftreten. Je früher Gegenmaßnahmen (Magenspülung, Verabreichen von Gegengiften) getroffen werden, um so größer sind die Chancen, helfen zu können.

Vorbeugende Maßnahmen
Es gibt verschiedene Möglichkeiten, Vergiftungen des Hundes zu vermeiden.

- Achten Sie beim Spazierengehen darauf, daß der Hund nichts frißt. Vor allem junge Hunde fressen alles mögliche in sich hinein.
- Achten Sie auf Warntafeln in öffentlichen Anlagen, die auf Mäuse- oder Rattenvergiftungs-Aktionen hinweisen. Gehen Sie mit Ihrem Hund dort nicht spazieren, oder lassen Sie ihn nicht von der Leine.
- Entfernen Sie alle Giftpflanzen im Haus oder bringen Sie sie außer Reichweite des Hundes unter.
- Schließen Sie alle Chemikalien, Reinigungsmittel, Insektizide und Medikamente weg. Denken Sie dabei auch an Frostschutzmittel, Mäuse- und Rattengift .
- Achten Sie bei Bädern gegen Flöhe und vor allem bei Sprühmaßnahmen darauf, daß Ihr Hund nicht zuviele Insektizide (→ Fachbegriffe, Seite 116 und Seite 31) abbekommt.

Hauptsymptome bei Vergiftungen
Starker Speichelfluß; wiederholtes Erbrechen, gelegentlich auch Durchfall; Blut im Erbrochenen, Kot oder Urin; Apathie; Atemnot; blasse, aber auch bläuliche Schleimhäute; jagender Puls; Taumeln; Krampfanfälle; Ohnmacht.
Treten die Symptome innerhalb von 1 bis 2 Stunden in der

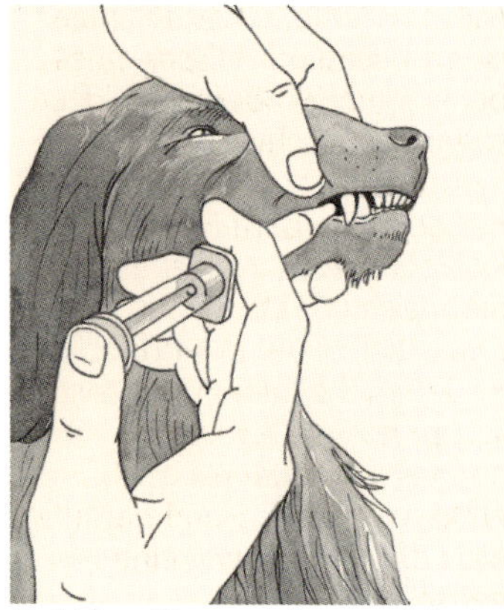

Bei Vergiftungen konzentrierte Kochsalzlösung mit einer Spritze eingeben.

oben genannten Reihenfolge auf, liegt mit großer Wahrscheinlichkeit eine Vergiftung vor.

Erste Notmaßnahmen
Nur innerhalb 1/2 bis maximal 1 Stunde kann die Giftaufnahme im Körper mit Hilfe von Brechmitteln, Magenspülungen und Abführmitteln verringert werden.

- Bringen Sie Ihren Hund sofort zum Tierarzt.
- Ist der Weg zum nächsten Tierarzt zu weit, so versuchen Sie – am besten nach telefonischer Absprache mit dem Tierarzt –, durch das zwangsweise Eingeben von konzentrierter Kochsalzlösung (1 Eßlöffel Salz auf 100 ml Wasser; → Zeichnung und Medizin eingeben, → Seite 16) das Erbrechen des Hundes selbst auszulösen.

Wichtig: Das Eingeben von

Milch, Öl oder sogar Rizinusöl ist grundsätzlich falsch, da es bei einigen fettlöslichen Giften sogar die Beschwerden und Symptome verstärkt.

- Geben Sie dem Hund Kohletabletten. Kohle nimmt die meisten Gifte in sich auf und schadet dem Hund nicht.
- Geben Sie dem Hund reichlich zu trinken. Wasser hat einen verdünnenden Effekt und wirkt, wenn der Hund daraufhin erbricht, fast wie eine Magenspülung.

Die häufigsten Vergiftungsursachen

Anhand der Symptome können Sie bestimmte Vergiftungen frühzeitig erkennen. Gehen Sie mit Ihrem Hund dann umgehend zum Tierarzt.

- **Frostschutzmittel** (Glysantin, Äthylenglykol oder Glykol): Schleckt der Hund süßschmeckendes Frostschutzmittel auf, kann es zu schwerem Nierenschaden und – je nach Giftmenge – zu tödlichem Nierenversagen kommen.
Symptome: Starkes Speicheln, spontanes Erbrechen schon Minuten nach dem Aufschlecken. Durchfall, Mattigkeit, Taumeln, Krämpfe, Hinfälligkeit.
Behandlung: Magenspülung, Infusionen, um die Nierenfunktion zu erhalten; als Gegenmittel wird Alkohol zur Infusion gegeben.
- **Schlafmittel** (Barbiturate): Frißt der Hund Schlaftabletten, kommt es zu narkoseähnlichem Zustand, unter Umständen auch zum Tod.
Symptome: Kein Erbrechen, kein Durchfall, tiefer Schlaf, Bewußtlosigkeit, flache Atmung, bläuliche Schleimhäute, schneller schwacher Puls.
Behandlung: Brechmittel und Magenspülung, künstliche Beatmung mit Sauerstoff, kreislaufstützende Infusionen, um die Ausscheidung der Gifte über die Niere anzuregen. Der Hund muß im Schlaf warmgehalten und wegen der Gefahr des Blutstaus alle halbe Stunde anders gelagert werden.
- **Cumarin** (Dicumarol, Cumachlor, Cumaphen): Rattengift, das zu Blutgerinnungsstörungen führt.
Symptome: Anfänglich geringes Erbrechen, das oft übersehen wird; nach 2 bis 6 Tagen durch innere Blutungen verursachte Mattigkeit, blasse Schleimhäute, stark blutiger Urin, gelegentlich auch blutiger Durchfall.
Behandlung: Spritzen mit Vitamin K_1 als Gegenmittel; eventuell auch Bluttransfusion.
- **Metaldehyd** (Schneckenkorn, Trockenspiritus): Der Hund frißt das im Garten ausgelegte Schneckengift oder herumliegende Trockenspirituswürfel werden mit Würfelzucker verwechselt und gefressen. Das Nervengift kann je nach aufgenommener Menge innerhalb von 24 Stunden zum Tod führen.
Symptome: Starker Speichelfluß nach 1/2 bis 1 Stunde, Erbrechen, Durchfall; nach weiteren 1 bis 3 Stunden Taumeln, Schreckhaftigkeit, steifes Grätschen der Beine (auch im Liegen), Krampfanfälle mit Kopfstrecken, hohes Fieber (41 bis 42 °C).
Behandlung: Brechmittel, Magenspülung; Verabreichen von Beruhigungs- und Narkosemitteln, die zu einer Art Heilschlaf über 1 bis 2 Tage führen. Infusionen zur Anregung der Nierenaussscheidung; Kalzium gegen die Krämpfe.

Insektizide

(Organophosphate, Carbamate, chlorierte Kohlenwasserstoffe).
Bei unsachgemäßer Anwendung von Mitteln gegen Flöhe, Läuse, Zecken (Shampoo, Puder, Spray, Halsband, Tabletten oder Tinktur) kann sich der Hund durch Abschlecken des Fells nach zu üppigem Einpudern oder Besprühen, Trinken von Badelösung (→ Seite 23), Fressen des Halsbandes oder von Tabletten vergiften.
Symptome: Insektizide sind Nervengifte und rufen ähnliche Symptome wie die Vergiftung mit Schneckenkorn (→ rechts) hervor.
Behandlung: Wie bei Vergiftung mit Schneckenkorn (→ rechts).
Wichtig: Nach dem Einpudern das Fell mit feuchtem Frotteetuch abwischen, beim Shamponieren genügend nachspülen, Halsbänder nicht herumliegen lassen.

PRAXIS
Kleine Hausapotheke für den Hund

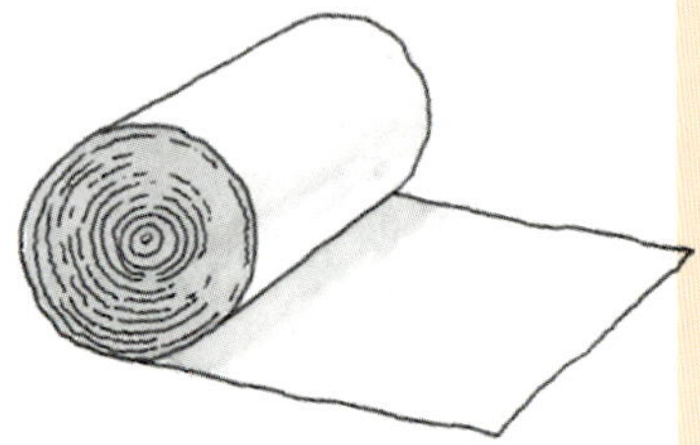

Zur ersten Versorgung von Biß- oder Schnittverletzungen und kleinen Blessuren, zur Vorbeugung von Krankheiten, aber auch zur Nachbehandlung sollten Sie einen kleinen Vorrat an Verbandsmaterial, Medikamenten und einigen Instrumenten immer parat haben. Ob Ihr Hund ein eigenes Erste-Hilfe-Kästchen eingerichtet bekommt, bleibt Ihnen überlassen.
Die folgende Aufstellung ist als Vorschlag gedacht und erhebt keinen Anspruch auf Vollständigkeit. Sie sollten sich in jedem Fall von Ihrem Tierarzt beraten lassen. Er wird Ihnen auch weitere Medikamente nennen, wenn Sie zum Beispiel eine größere Reise mit Ihrem Hund vorhaben (→ auch Vorbeugung bei importierten Krankheiten, Seite 102 und 103).

Verbandsmaterial
- 2 bis 3 elastische Mullbinden von 4 oder 6 cm Breite für Pfotenverbände;
- 2 bis 3 elastische Mullbinden von 8 bis 10 cm Breite für Kopf-, Brust- und Bauchverbände;
- 1 kleines Päckchen Mullkompressen;
- 1 festere Binde zum Zubinden der Schnauze und Abbinden von Extremitäten bei Blutungen;
- 1 Rolle Hansaplast, 6 cm breit;
- 1 Rolle Leukoplast, 2,5 cm breit;
- 1 Beutel Wattetupfer oder lose Verbandswatte;
- 1 Päckchen Papiertaschentücher;
- 1 Päckchen Wattestäbchen.

Desinfektionsmittel
- 1 Fläschchen (20 ml) Wunddesinfektionsmittel (zum Beispiel Merfen, Mercurochrom- oder Betaisodona-Tinktur)
- 1 Fläschchen (20 ml) mit 2%iger Wasserstoffsuperoxydlösung zum Betupfen von entzündeten Zahnfleischrändern;
- 1 größeres Fläschchen (100 ml) 70%igen Isopropylalkohol (Propanol) für kühlende Einreibungen und zur Desinfektion von Instrumenten.

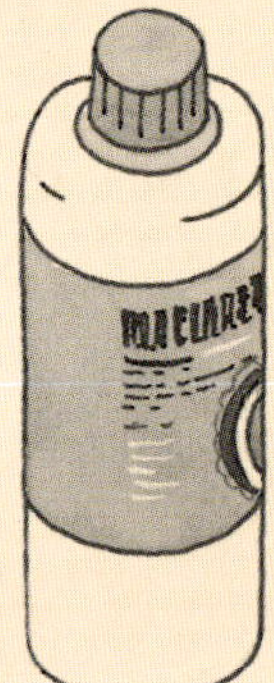

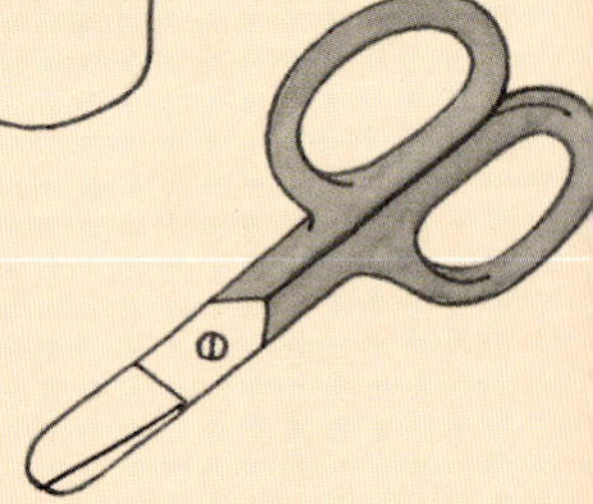

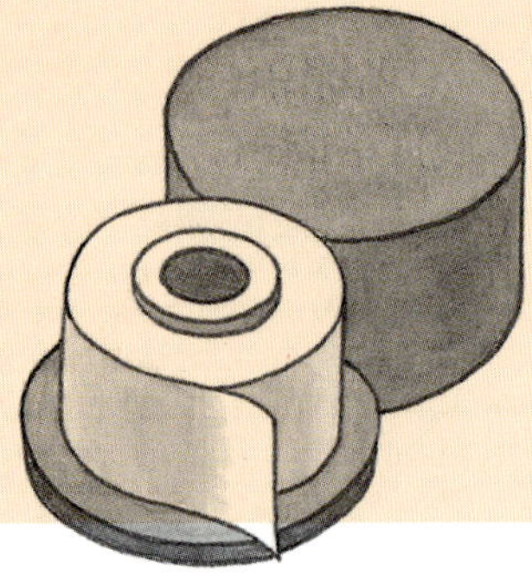

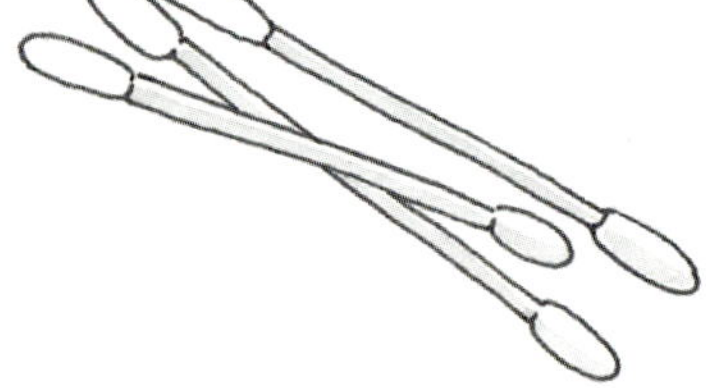

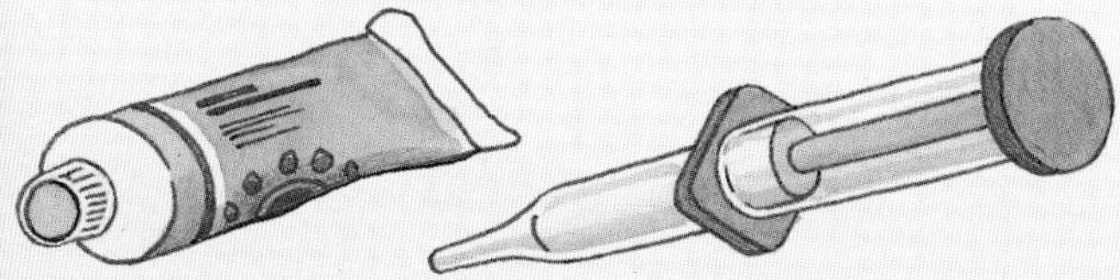

Salben und Tropfen

- 1 Tiegel oder 1 Tube Wund- und Heilsalbe (zum Beispiel Calendula, Betaisodona, Desitin);
- 1 Fläschchen Wundbenzin zu Reinigungszwecken und zum Ablösen von Pflastern;
- 1 Fläschchen reizlindernde Augentropfen (zum Beispiel Visadron, Yxine, Konjunktival);
- 1 Fläschen Babyöl zum Reinigen der Ohren;
- 1 Tiegel Vaseline zur Pfotenpflege.

Medikamente, die vorrätig sein sollten

- Zäpfchen zur Schmerzlinderung, Entkrampfung und Fiebersenkung (zum Beispiel Buscopan, Benuron, Novalgin.). Hunde erhalten 2 bis 3 Zäpfchen pro Tag je 10 kg Körpergewicht.
- Kohle- oder Gerbsäuretabletten (Tannalbin) gegen Durchfall. Pro 10 kg Körpergewicht des Hundes wird 2mal täglich 1 Tablette gegeben.
- Entwurmungsmittel mit breitem Wirkungsspektrum (zum Beispiel Telmin, Lopatol oder Drontal plus) für die regelmäßige Entwurmung 2- bis 3mal jährlich (→ Seite 20).
- Vitamin-Mineralstoff-Mischung (Pulver oder Tabletten) als Ergänzungsfutter, vor allem bei jungen und kranken Hunden.

Wichtig: Achten Sie bei Medikamenten auf das Verfallsdatum. Ist es überschritten, dürfen Sie die Medikamente nicht mehr verwenden. Geben Sie solche Präparate in der Apotheke ab, da es sich um Sondermüll handelt.

Instrumente

- 1 kleines Thermometer (dünnes Prismenthermometer oder Plastikthermometer mit Digitalanzeige)
- 1 gebogene Schere mit einem stumpfen und einem spitzen Schenkel;
- 1 Verbandsschere;
- 1 Zeckenzange;
- 1 anatomische Pinzette mit abgerundeten Spitzen;
- 2 bis 3 Holzspatel zum Auftragen von Salben;
- je 1 Plastikspritze (ohne Nadel) mit 2 ml, 5 ml und 10 ml Füllvolumen zum Eingeben von Flüssigkeiten, Futter oder Medikamenten.

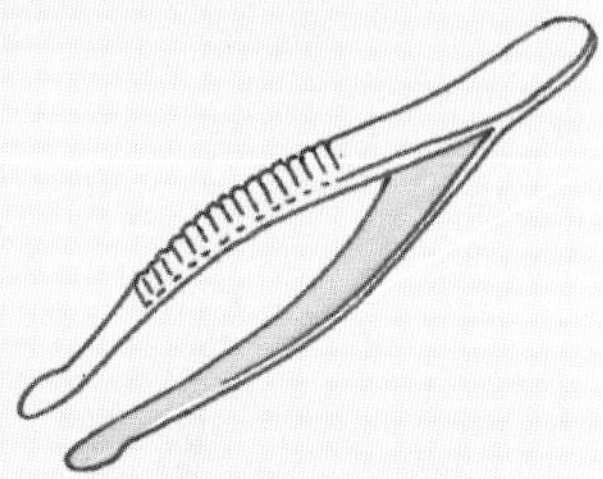

Für Spezialfälle

- Ist Ihr Hund zuckerkrank, müssen Sie Insulin für die tägliche Spritze vorrätig haben (Insulin im Eisschrank aufbewahren).
- Zur Bekämpfung von Flöhen, Läusen und Zecken gibt es Puder, Pumpspray und Shampoo, die Sie vorrätig haben sollten (→ auch Parasiten der Haut, Seite 81 und 82).

Wichtig: Solche Mittel müssen mit größter Vorsicht angewendet werden (→ Wichtige Hinweise, Seite 127).

Hundekrankheiten erkennen

1 Schädel
2 Oberkiefer
3 Unterkiefer
4 Halswirbelsäule
5 Schulterblatt
6 Schultergelenk
7 Oberarm
8 Ellbogengelenk
9 Unterarm (Elle, Speiche)
10 Mittelhand
11 Handwurzelgelenk
12 Brustkorb
13 Kniegelenk
14 Mittelfuß
15 Sprunggelenk mit Ferse
16 Unterschenkel (Schien-, Wadenbein)
17 Oberschenkel
18 Hüftgelenk
19 Schwanzwirbelsäule
20 Becken
21 Wirbelsäule

Skelett des Hundes

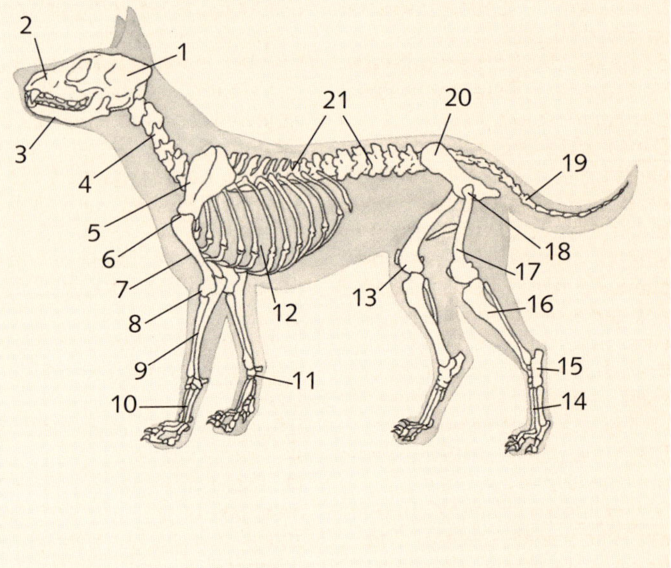

1 Rachen
2 Zunge
3 Luftröhre
4 Herz
5 Leber
6 Milz
7 Dünndarm
8 Penis
9 Hoden
10 Samenleiter
11 Enddarm
12 Blase
13 Harnleiter
14 Nieren
15 Magen
16 Lunge
17 Schlund
18 Kehlkopf

Organsystem des Hundes

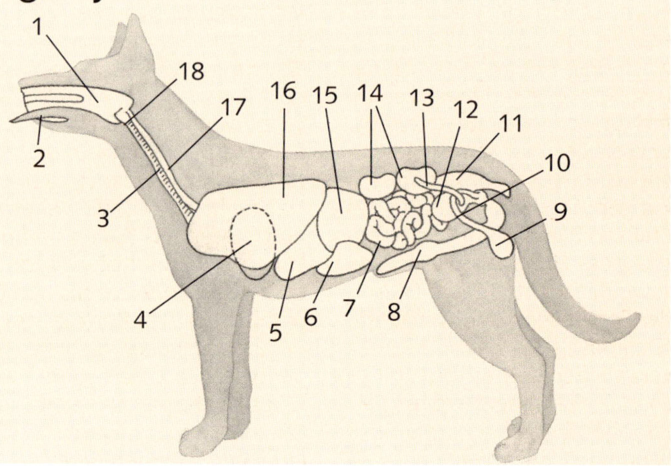

und behandeln

Was ist Krankheit?
Der Ablauf der Lebensvorgänge ist plötzlich gestört, Veränderungen des Körpers oder des Verhaltens sind wahrnehmbar: Der Hund ist krank.
Die Krankheitsursachen können vielfältig sein. Hitze, Kälte, Nässe, Krankheitserreger wie Bakterien und Parasiten oder Umweltfaktoren sind äußere Ursachen. Auch ererbte Krankheitsanlagen kommen in Frage. Von einer psychischen (seelischen) Krankheit spricht man zum Beispiel, wenn der Hund trauert, weil er allein gelassen wurde. Die Auswirkungen können unterschiedlichster Art sein.
Die Heilung muß der Körper mit Hilfe seiner Abwehr- und Regenerationskräfte bewältigen. Die Medizin ist nur Handlanger der Natur und der Heilungskräfte des Körpers. In der Homöopathie gilt dieser Grundsatz als Basis des Handelns.
Nach dem Verlauf einer Krankheit unterscheidet man die akuten (unvermittelt auftretende) und die chronischen (schleichend verlaufenden) Erkrankungen. Die Untersuchung des kranken Hundes und die Befragung des Hundesbesitzers über seine Beobachtungen dienen der Feststellung der Krankheit (Diagnose), die sich aus den verschiedenen Krankheitszeichen (Symptomen) ergibt. Sie ermöglicht eine wirksame Behandlung (Therapie).

Aufbau des Krankheitsteiles
Die Krankheiten, die auf den folgenden Seiten beschrieben werden, sind nach 7 Bereichen geordnet (→ rechts). Zu Beginn ist jeweils anhand eines Schema-Hundes der betreffende Bereich im Körper markiert (genau können Sie Skelett und Organsystem des Hundes auf den Zeichnungen Seite 34 sehen).
Aufbau der Krankheitsbeschreibungen:
Symptome: Krankheitsanzeichen.
Ursachen: Was die Krankheit auslöst.
Folgen: Was die Krankheit nach sich ziehen kann.
● **Behandlung:** Was Sie selbst machen können, wie der Tierarzt behandelt; ein Pfeilsymbol (▶) markiert, wann Sie unbedingt zum Tierarzt gehen sollten.
Nachbehandlung: Was nach der Behandlung zu beachten ist.
Vorbeugung: Wie die Krankheit vermieden werden kann.
■ **Homöopathie:** Angabe von homöopathischen Mitteln, die Sie anwenden können.
Rassenanfälligkeit: Hunde, die für die Krankheit anfällig sind.
Nachbehandlung, Vorbeugung und Rassenanfälligkeit sind dabei nicht immer notwendig oder gegeben. Auch die homöopathische Behandlung ist nur da angeführt, wo sie nach den Erfahrungen des Verfassers Heilungsmöglichkeiten bietet.
Die Marke rechts kennzeichnet auf jeder Seite den Bereich.

Homöopathie bei Hunden

Wenn der Hund krank ist, so möchte der Hundebesitzer nichts unversucht lassen, um seinen vierbeinigen Freund wieder gesund zu sehen. Häufig haben starke Medikamente aber auch unerwünschte Nebenwirkungen. Deshalb möchten immer mehr Menschen ihren Hund auf sanfte, aber wirkungsvolle Weise kurieren. Dabei hilft die Homöopathie. Homöopathische Mittel stärken das Heilbestreben des Organismus, ohne daß größere schädliche Nebenwirkungen zu befürchten wären. Der Tierfreund kann hier selbst seinem Hund helfen.

Homöopathie contra Tiermedizin?
Da die Homöopathie bisher an deutschen Tierärztlichen Hochschulen nicht gelehrt wird, kommt es leider gelegentlich zur mißverständlichen Konfrontation zwischen der sogenannten Schulmedizin (Allopathie) und der Homöopathie. Die Behandlung von kranken Hunden unter homöopathischen Gesichtspunkten sollte aber nicht widersprüchlich zur Tiermedizin, wie sie an den Hochschulen gelehrt wird, stehen, sondern eine durchaus sinnvolle Ergänzung der tierärztlichen Heilkunst darstellen.
Homöopathie als letzter Ausweg? Wenn schwerkranke Hunde trotz aller erdenklichen allopathischen Heilmethoden nicht gesunden, wird oft bei einem Homöopathen der letzte Ausweg gesucht. Aber auch von der Homöopathie darf man keine Wunder erwarten. Vielmehr sollte sie ein integrierter Bestandteil der Tierheilkunde sein, nämlich dort, wo die Selbstheilungskräfte des Organismus unterstützt werden können.
Umgang mit der Homöopathie: Auf dem Gebiet der Homöopathie bedarf es größten Einfühlungsvermögens und vieler Erfahrungen. So vielfältig die Krankheitsursachen und so verschieden die einzelnen Hunde sind, so vielfältig sind auch die homöopathischen Mittel mit ihren unterschiedlichen Verdünnungen. Es darf daher ruhig ausprobiert werden, welches Mittel bei welcher Krankheit und welchem Hund am besten hilft. Homöopathische Mittel zeichnen sich vor allem dadurch aus, daß sie keine beziehungsweise fast keine negativen Nebenwirkungen haben.
Grenzen der Homöopathie: Bleibt der rechtzeitige, sichtbare Erfolg aus, sollte umgehend der Rat eines Tierarztes eingeholt werden. Es müssen dann andere Behandlungsmethoden angewendet werden. Die Grenzen der Homöopathie sind auch erreicht, wenn die Krankheit so weit fortgeschritten ist, daß sie bereits Veränderungen an Organen hervorgerufen hat und eine Regulation oder Regeneration mit homöopathischen Mitteln nicht mehr möglich ist.
Seit fünfzehn Jahren verfahre ich deshalb nach folgendem Prinzip:
- Was allopathisch zu behandeln ist, muß auch so angegangen werden.
- Was operiert werden muß, wird chirurgisch behandelt.
- Daneben gibt es eine Reihe von Krankheiten, die besser homöopathisch behandelt werden, weil sich die verschiedenen Heilmethoden ergänzen und nicht im Widerspruch zueinander stehen.

Deshalb sollen die Behandlungsempfehlungen für die Krankheiten, die in den folgenden Kapiteln aufgeführt werden, eine Orientierungshilfe mit relativ hohen Erfolgsaussichten sein. Alle homöopathischen Empfehlungen sind von mir in langjähriger Praxis erprobt worden.

Was ist Homöopathie?
Das Wort kommt aus dem Griechischen: »homoios« = ähnlich, »pathos« = Leiden. Begründer der Homöopathie war der Humanmediziner Samuel Hahnemann (1755 bis 1843). Diese Heilmethode beruht auf der Erkenntnis, daß Krankheiten durch Verdünnungen solcher Mittel geheilt werden können, die unverdünnt eingenommen ähnliche Krankheitserscheinungen verursachen (Arzneimittelbilder).
Ausgangspunkt für die homöopathische Behandlung ist die Vorstellung, daß das Leben, auch dasjenige unserer geliebten Vierbeiner, ganzheitlich zu sehen ist. Möglichst ausgewogene Ernährung und artgerechte Haltung sind Grundvoraussetzungen für einen gesunden Hund. Sein Organismus steht im Gleichgewicht von Vorgängen, die ihn belasten (zum Beispiel Umwelteinflüsse, Stoffwechsel) und solchen, die den Körper wieder entlasten (die Tätigkeit von Niere, Leber, Galle und Darm sorgt zum Beispiel für eine Entgiftung des Körpers). Gerät das Gleichgewicht durch anfänglich geringe Störungen aus dem Lot, wird das Tier krank. Hier sollte die Homöopathie eingesetzt werden.
Die Selbstheilungskräfte des Organismus werden durch homöopathische Mittel unterstützt oder wieder in Gang gesetzt, die Symptome einer Krankheit nicht unterdrückt. Insbesondere bei jungen Hunden ist dies sehr wichtig, da sie ihr Immunsystem und ihre Abwehrkräfte erst trainieren müssen.
Fieber ist ein an sich »gesunder« Vorgang, der zeigt, daß das Immunsystem des Körpers intakt ist. Solange der Hund gegen das Fieber ankämpft, können die Selbstheilungskräfte mit homöopathischen Mitteln unterstützt werden. Echinacea angustifolia, Aconitum, Belladonna, Ferrum phosphoricum, Vincetoxicum und Chamomilla (bei unruhigen Welpen) haben sich gut bewährt.
Eine kurzfristige Verschlimmerung (Verschärfung) der Krankheitssymptome kann bei der Behandlung mit homöopathischen Mitteln eintreten. Sie leitet aber als sogenannte Krise die Besserung und Heilung ein. Antibiotika müssen erst gegeben werden, wenn die Krankheitserreger überhandnehmen und der Körper allein nicht mehr damit fertig wird.

Das »Ähnlichkeitsprinzip«
Das von Samuel Hahnemann aufgestellte Heilverfahren beruht auf folgendem Prinzip: Bestimmte stark verdünnte Substanzen bewirken im Organismus eine Heilwirkung bei bestimmten Krankheiten. Wenn sie unverdünnt angewandt würden, könnten sie eben diese Krankheiten in Körper hervorrufen. »Similia similibus curentur«, das heißt, Ähnliches wird durch Ähnliches geheilt.

Das glatte, glänzende Fell der Hündin spricht für Gesundheit.

Alles wird markiert, und wenn es nur ein Grasbüschel ist.

Beispiel Bienengift: Gelangt die unverdünnte Substanz des Bienengiftes (Apisinum) durch einen Stich in den Körper des Hundes, führt sie zu unterschiedlichen Erkrankungen wie geröteter Schwellung am Einstichsort, Entzündungen der Umgebung, aber auch an Auge, Herz und Nieren, Fieber und Niedergeschlagenheit wechselnd mit Unruhe. Homöopathisch zubereitetes Bienengift (Apis) findet folglich dort seinen Einsatz, wo Krankheiten mit den oben genannten Symptomen auftreten. Das stark verdünnte Gift belastet den Körper weiter nicht, sondern fördert unterschwellig und kurzfristig zusätzliche Abwehrkräfte im Organismus. Das Prinzip der Schutzimpfung ist dem ähnlich: Auch hier wird eine, allerdings nachhaltige Abwehr gegen den eingeimpften Erreger herbeigeführt.

Arzneimittelbilder

Anhand von zwei homöopathischen Durchfallmitteln werden im folgenden die Arzneimittelbilder erstellt. Es zeigt sich dabei, wie wichtig die genaue Beobachtung des Hundes ist.

- **Arsenicum album**

Ein Hund hat Chemikalien mit darin enthaltenem Weißarsenik aufgeleckt (Arzneimittelprüfung – in diesem Falle unfreiwillig).

Folgende Symptome zeigen sich: rapide Erschöpfung, hohes Fieber, ein leidendes »Gesicht«, Unruhe, Angst, schnelle Abmagerung, großer Durst. Der Durchfall ist sehr flüssig, meist wäßrig mit vorhergehenden Koliken. Der Zustand des Hundes verschlimmert sich bei Ruhe, also hauptsächlich nachts, und bei Kälte. Der Zustand verbessert sich in warmer Umgebung, unabhängig, ob diese feucht oder trocken ist.

Behandlung: Zeigt nun ein mit Durchfall erkrankter Hund die beschriebenen Symptome des Arzneimittelbildes von Arsenicum album, so sollte er mit einer entsprechenden Verdünnung von Arsenicum album behandelt werden.

- **Nux vomica**

Ein anderer Hund frißt in der Küche einen Beutel Muskatnüsse (Nux moschata; dem Arzneimittelbild von Nux vomica vergleichbar).

Folgende Symptome des Arzneimittelbildes von Nux vomica treten auf: geringes Fieber, wenig Durst trotz trockenem Fang. Der Durchfall ist weich-flüssig, begleitet von Blähungen. Der Kot wird selbst in kleinen Mengen nur mit Mühe abgesetzt. Ekel vor Futter. Der Zustand des Hundes verschlimmert sich bei Zugluft und naß-kaltem Wetter. Bei trockener Wärme tritt eine Verbesserung ein.

Behandlung: Ein Hund mit diesen Durchfallerscheinungen sollte homöopathisch mit Nux vomica behandelt werden.

Genaue Beobachtung und Diagnose sind für eine erfolgreiche homöopathische Behandlung nötig. Je größer die Ähnlichkeit zwischen dem Krankheitsbild und dem Arzneimittelbild ist, desto größer ist auch die Möglichkeit, daß durch die Behandlung eine Heilung erzielt wird.

Herstellung

Grundlagen: Homöopathische Arzneimittel werden aus verschiedenen natürlichen Quellen gewonnen. Sie können aus dem Tier- und Pflanzenbereich stammen (zum Beispiel Bienengift, Schlangengift, Tollkirsche, Eisenhut) oder auch chemische Verbindungen sein wie Schwefel, Phosphor und Quecksilber.

Herstellung: Homöopathische Arzneimittel werden so hergestellt, daß die Inhaltsstoffe in gestaffelten Verdünnungen (Potenzen) vorliegen. Im Deutschen Homöopathischen Arzneibuch ist gesetzlich vorgeschrieben, welcher Alkohol zur Potenzierung verwendet wird oder wie die Inhaltsstoffe aufbereitet werden.

1 Teil der Urtinktur wird mit 9 Teilen des vorgeschriebenen Alkohol (Wasser-Äthanol-Mischung) verdünnt und mit kräftigen Schüttelschlägen durchmischt. Dadurch wird zusätzliche Energie zugeführt. Diese 1. Potenzierungsstufe enthält den Ausgangsstoff im Verhältnis 1:10 und wird als D 1 bezeichnet (D = Dezimalpotenz oder 10er Potenz, 1 = 1. Potenzierungsstufe). Verschüttelt man nun 1 Teil dieser D 1 mit 9 Teilen Alkohol, erhält man D 2. Sie enthält die Ausgangssubstanz im Verhältnis 1:100. Aus einem Teil der D 2 entsteht unter Ver-

schüttelung mit 9 Teilen Alkohol die D 3 und so weiter.
Grundsätzlich sollten die mittleren Potenzen D 6 bis D 10 Anwendung finden, da hier kaum mit Nebenwirkungen zu rechnen ist. Die niedrigen Potenzen D 1 bis D 5 und die hohen Potenzen ab D 10 sollten dem erfahrenen Homöopathen vorbehalten bleiben.
Bei akuten Erkrankungen ist die Potenzhöhe von untergeordneter Bedeutung, weil jede Potenz hilfreich ist. Chronische Erkrankungen erfordern dagegen höhere Potenzen.
Erhältlich sind homöopathische Mittel fertig zubereitet in der Apotheke.

Verabreichung
Die homöopathischen Mittel werden in verschiedenen Formen zubereitet.
In fester Form sind sie als Tabletten (Pressung), Kügelchen (Globuli) und Pulver (Verreibungen mit Milchzucker) zum Eingeben, als Zäpfchen zum Einführen oder als Salben zum Einreiben erhältlich.
Tabletten eignen sich gut für die Verabreichung beim Hund. Sie lassen sich zerdrückt oder als Ganzes unter das Futter mischen. Man kann die Tablette auch zerpulvern, mit dem feuchten Finger auftupfen und dem Hund auf die Zunge oder das Zahnfleisch streichen.
In flüssiger Form werden die homöopathischen Mittel als Tropfen oder Injektionen (dem Tierarzt vorbehalten) verabreicht. Die flüssigen Potenzen (Dilutionen) schmecken etwas nach Alkohol. Sie eignen sich gut für kranke Hunde, die keine feste Nahrung aufnehmen können oder sollen. Das Mittel wird zusammen mit etwas Wasser in die Lefze geträufelt (direkt, mit Hilfe eines Löffels oder einer Einwegspritze ohne Nadel). Der Wirkstoff kann direkt über die Mundschleimhäute aufgenommen werden und seine Wirkung schnell entfalten. Bei widerspenstigen Tieren können die Wirkstoffe auf die Nase oder die Pfote getropft oder dort verrieben werden. Der Hund leckt sie dann weg. Welche Form der Verabreichung gewählt wird, hängt vom Tier, den eigenen Erfahrungen und der Erkrankung ab.

Aufbewahrung
Homöopathische Mittel werden am besten an einem kühlen, trockenen Ort gut verschlossen gelagert. Tablettenfläschchen oder -dosen nach Gebrauch gut verschließen. Starke Sonneneinstrahlung und streng riechende Substanzen können die homöopathischen Mittel verändern oder gar zerstören. Richtig gelagert halten sie dagegen jahrelang.

Dosierung

Die Dosis für einen erwachsenen Hund ist unabhängig von seiner Größe und entspricht:
- 12 Globuli,
- 1 Tablette
- 1/2 Teelöffel Pulver oder
- 5 Tropfen.

Bei akuter Krankheit können homöopathische Arzneimittel als Stoßtherapie gegeben werden, und zwar im Abstand von 1/4 bis 1 Stunde 1 Dosis über den Tag oder auch darüber hinaus. Mit einsetzender Besserung werden die Abstände verlängert. In den folgenden Tagen nur noch 3- bis 4mal täglich 1 Dosis verabreichen.
Bei chronischen Krankheiten gibt man 1- bis 2mal täglich 1 Dosis über einige Tage.

Die homöopathische Behandlung der einzelnen Krankheiten wird im Text (Seite 40 bis 95) näher erläutert – allerdings nur dort, wo sie sich sinnvoll einsetzen läßt. Wenn keine anderen Angaben gemacht werden, gilt die oben genannte Dosierung.
Grundsätzlich sollten die mittleren Potenzen D 6 bis D 10 Anwendung finden, da hier kaum mit Nebenwirkungen zu rechnen ist (→ oben). Mehrere homöopathische Mittel können ohne weiteres zusammen gegeben werden, da sie sich in ihrer Wirkung gegenseitig nicht beeinflussen.
Erhältlich sind homöopathische Mittel fertig zubereitet in der Apotheke.

Erkrankungen des Verdauungs-apparates

Verdauung beginnt bereits, wenn dem Hund vor lauter Vorfreude aufs Futter das Wasser im Munde zusammenläuft. Durch den Schluckakt rutschen die großen Brocken glatt durch die Speiseröhre. Manchmal sind auch Steine oder kleines Spielzeug dabei. Sie können im Darm steckenbleiben und Erkrankungen hervorrufen. Im Magen wird die Nahrung vorverdaut, in Dünn- und Dickdarm für den Körper aufbereitet. Was unverdaulich ist, wird ausgeschieden.

Zahnstein und Parodontose

Symptome: Übler Mundgeruch, blutiger Speichel, Kauprobleme, braune, mehlige, zum Teil steinharte Beläge der Zähne.
Ursachen: Wenn sich die Zähne infolge zu weicher Nahrung nicht genügend abreiben, bildet sich Zahnstein aus verhärteten Speichelsalzen, kombiniert mit Speiseresten und Bakterien der Mundhöhle.
Folgen: Zahnstein fördert Zahnfleischentzündung und führt dadurch zu Zahnfleischschwund (Parodontose). Im weiteren Verlauf lockert sich der Zahn und fällt schließlich aus oder muß bei Vereiterung gezogen werden.

● Behandlung

▶ Der Tierarzt entfernt Zahnstein und zieht lockere oder vereiterte Zähne. Für beides wird der Hund meist kurz betäubt. Bei vereiterten Zähnen zusätzlich Antibiotika-Tabletten über 1 Woche.

Nachbehandlung: Zur Heilung und Vorbeugung mindestens zweimal wöchentlich Zähne und Zahnfleischränder mit 2%iger Wasserstoffsuperoxydlösung oder chlorhexidinhaltigen Präparaten (beim Tierarzt oder in der Apotheke erhältlich) desinfizieren (mit Wattestäbchen auftragen).
Vorbeugung: Geben Sie Ihrem Hund regelmäßig Kauknochen, Ochsenziemer oder getrockneten Pansen und Kugelknochen (Gelenkstücke von Kuh und Kalb), damit seine Zähne mechanisch abgerieben und gereinigt werden. Sie können ihm auch die Zähne putzen. Geeignete Zahnputzsets sind im Zoofachhandel und beim Tierarzt erhältlich. Hunde, die zu Zahnsteinbildung neigen, sollten alle 3 bis 4 Monate vom Tierarzt untersucht werden.

■ Homöopathie

Dosierung → Seite 39.
Mercurius solubilis Hahnemanni. Abtupfen des Zahnfleisches und Massage mit Salbe (zum Beispiel Traumeel) wirkt auch innerlich.
– Bei Blutungsneigung: Cinnamomum.

Rassenanfälligkeit: Vor allem Zwergzüchtungen von Yorkshire Terrier, Pudel, Chihuahua, Pekinese, Shi-Tzu und Spitz sind für Zahnstein und Parodontose anfällig. Oft verlieren sie bereits im Alter zwischen 5 und 10 Jahren die meisten Zähne.

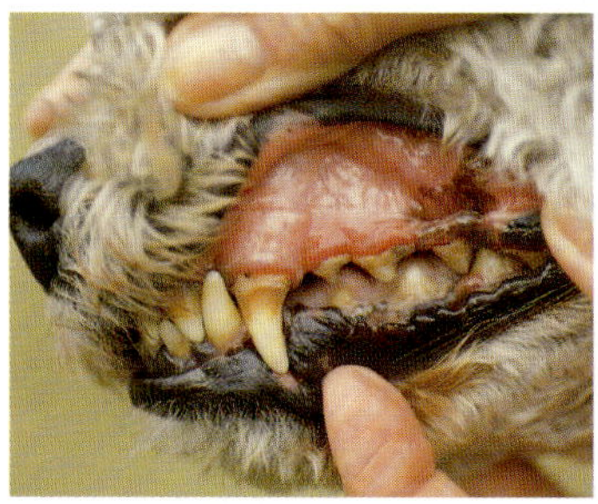

Parodontose: Das Zahnfleisch ist entzündet und zieht sich zurück.

Zahnfisteln

Symptome: Schmerzempfindliche Schwellung am Oberkieferknochen unterhalb des Auges, die nach außen durch die Haut eitrig aufbrechen kann. Häufig ist auch das Auge entzündet.
Ursache: Der Hund hat sich durch Beißen auf harten Knochen, Holz oder Metall Teile eines Reißzahns (→ Fachbegriffe, Seite 118) abgebrochen.
Folge: Die Zahnwurzel entzündet sich über dem offenen Wurzelkanal.

● Behandlung

▶ Der Tierarzt bestimmt anhand einer Röntgenaufnahme die betroffene Zahnwurzel und zieht dann den Zahn unter Narkose.

Nachbehandlung: Gegen die Vereiterung des Kiefers müssen mindestens 1 Woche lang Antibiotika in Form von Tabletten gegeben werden.
Vorbeugung: Gewöhnen Sie Ihrem Hund von vornherein ab, auf Steinen und metallenen Gegenständen herumzukauen.

■ Homöopathie

Dosierung → Seite 39.
Vereiterte Zähne belasten über einen längeren Zeitraum den gesamten Organismus (Fokalinfektion).
Nach dem Ziehen des vereiterten Zahnes zur Entgiftung des Körpers für etwa 1 Woche: Echinacea angustifolia; Echinacea purpurea; Aconitum.

Zahnfleischwucherungen und Tumoren

Symptome: Kaubeschwerden, übler Mundgeruch, zum Teil blutiger Speichel.
Ursachen und Folgen: Zahnfleischwucherungen und Tumoren kommen am häufigsten in folgenden Ausprägungen vor.
– Epuliden: Knochig-derbe Wucherungen des Zahnfleisches, die so umfangreich sein können, daß sich der Hund wund beißt und nicht mehr richtig kauen kann.
– Papillome: Warzenartige Wucherungen der Lefzen und Mundschleimhaut, die meist bei jungen Hunden auftreten (virusbedingt).
– Bösartige Tumoren: Geschwülste an der Mundschleimhaut, am Kiefer und an den Lefzen; aus ungeklärten Gründen vor allem bei alten Hunden. Es entstehen vielfach auch Tochtergeschwüre (Metastasen).

● Behandlung

▶ Epuliden und Papillome müssen vom Tierarzt entfernt werden. Sie sind in der Regel harmlos, können aber an Ort und Stelle wieder auftreten. Bei offenen (bösartigen) Geschwülsten entscheidet der Tierarzt nach Untersuchung des Gewebes, ob eine Operation sinnvoll ist. Sind bereits Tochtergeschwüre in benachbarten Lymphknoten oder in der Lunge vorhanden, kann eine Operation nicht mehr helfen.

Nachbehandlung: Zur Abheilung die Operationswunde regelmäßig mit Kamillenlösung spülen (mit Hilfe einer Einwegspritze ohne Nadel, beim Tierarzt oder in der Apotheke erhältlich).

■ Homöopathie bei Zahnfleischwucherungen

Bei Epuliden: Aurum metallicum, Thuja und Calcium fluoratum zusammen eingeben (enthalten zum Beispiel in Galium-Heel); vorzugsweise an- und absteigend, das heißt:
am 1. Tag 3mal 1 Tropfen,
am 2. Tag 3mal 2 Tropfen,
am 3. Tag 3mal 3 Tropfen,
am 4. Tag 3mal 4 Tropfen,
am 5. Tag 3mal 5 Tropfen,
am 6. Tag 3mal 4 Tropfen,
am 7. Tag 3mal 3 Tropfen,
am 8. Tag 3mal 2 Tropfen und
am 9. Tag 3mal 1 Tropfen.

Rassenanfälligkeit: Epuliden treten bei kurzschnauzigen Rassen, vor allem Boxern, auf, bösartige Tumoren besonders bei Cocker, Boxer und Vorstehhund.

Speicheldrüsenzysten

Symptome: Blasige Schwellung unter der Zunge (Froschgeschwür) oder teigig weiche Schwellung am Hals (Halszyste), Kauprobleme, lokale Schmerzen.
Ursachen: Verstopfung der Speichelgänge durch Eindickung des Speichels. Der angestaute Speichel staut sich im Gewebe zu einer Blase.
Folgen: Diese Blase kann sich entzünden und als Abszeß aufbrechen.

● Behandlung

– Froschgeschwür: Entsteht durch Stau einer Drüse unter der Zunge und wölbt sich wie die Kehlblase des Frosches vor.
▶ Muß in Narkose vom Tierarzt aufgeschnitten werden und heilt in der Regel rasch ab.
– Halszyste: Stauungsgeschwulst der Speicheldrüsen am Unterkiefer. Wegen des honigartigen Speichels auch »Huniggeschwür« genannt.
▶ Halszyste und zugehörige Speicheldrüse müssen operativ entfernt werden, da es sonst immer wieder zur Zystenbildung kommt.

Nachbehandlung: Nach der Operation einer Halszyste wird eine Drainage (→ Fachbegriffe, Seite 115) gelegt, damit der Speichel bis zum Ziehen der Fäden abfließen kann (Schutz durch Halsverband).

Insektenstich

Symptome: Plötzlich auftretender Juckreiz (Hund kratzt sich mit den Pfoten an der Schnauze und reibt den Fang am Boden), Speicheln, Schwellungen, Würgen, Erbrechen, Atemnot.
Ursachen: Bienen-, Wespen- oder Hornissenstiche in Mundhöhle und Rachen.
Folgen: Allergische Reaktionen mit umfangreicher Schwellung der Lefzen, Zunge und Rachenregion. Je tiefer die Schwellung im Rachen, desto bedrohlicher die Einengung der Atemwege.

● Behandlung

Bei geringer Schwellung die Stelle mit Eiswasser oder Desinfektionsalkohol (Propanolol, 50 %, aus der Apotheke) solange betupfen, bis die Schwellung zurückgeht.
▶ Bei umfangreichen Schwellungen mit Speicheln, Erbrechen und Atembeschwerden umgehend den Tierarzt aufsuchen, der Antihistaminika sowie Kortison (→ Fachbegriffe, Seite 114 und 117) und Kalzium gegen die allergische Reaktion geben wird. Schwillt der Rachen zu, hilft nur ein Luftröhrenschnitt.

Vorbeugung: Dem Hund grundsätzlich das Schnappen nach Insekten abgewöhnen.

■ Homöopathie

Zum Einreiben der Einstichstelle Salben mit Apis, Echinacea angustifolia, Arnica, Calendula, Hamamelis.

Fremdkörper in Mundhöhle und Rachen

Symptome: Speicheln (zum Teil blutig), Schluckbeschwerden, Würgen, Erbrechen, Kratzen mit der Pfote am Maul, Zungenschwellung.
Ursachen: Knochen- oder Holzsplitter, auch Fischgräten, die am Gaumen zwischen den hinteren Backenzähnen verkeilen oder sich im Rachen- und Kehlkopfbereich einspießen. Ringförmige Fremdkörper (Knorpelringe, Gummi- oder Fadenschlingen), die sich um die Zunge legen.
Folgen: Kiefersperre bei verkeilten Teilchen. Akuter Reizhusten

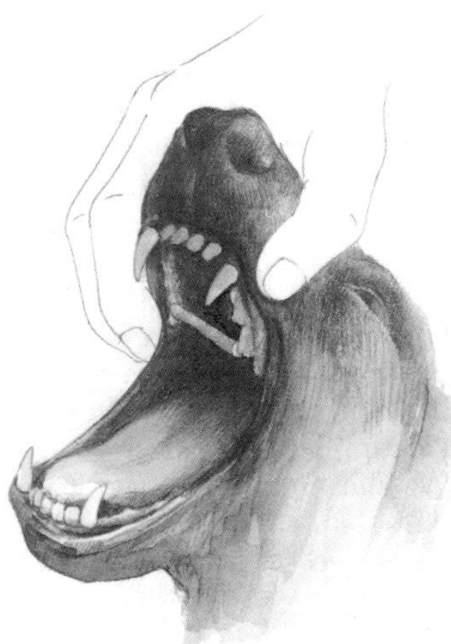

Ein Holzsplitter hat sich zwischen den Backenzähnen verkeilt.

mit ständigen Würgeversuchen bei Gräten oder Holzsplittern im Rachenraum, im weiteren Verlauf Entzündung und Vereiterung der verletzten Schleimhaut, schließlich Abszeßbildung am Hals. Riesig vergrößerte, bläulich gestaute und zum Teil absterbende Zunge.

● **Behandlung**

▶ Nur durch den Tierarzt. Untersuchung bzw. Entfernung des Fremdkörpers meist nur unter Narkose möglich, da sich Hunde oft sehr zur Wehr setzen.

Nachbehandlung: Mundschleimhaut und Rachen mit 2%iger Silbernitratlösung, 2%iger Wasserstoffsuperoxydlösung oder Chlorhexidinpräparaten (vom Tierarzt oder aus der Apotheke) betupfen. Nach Bedarf auch 2mal täglich schleimlösende Mittel geben. Antibiotika bei Vereiterungen und Abszeßbildung.
Vorbeugung: Keine Geflügelknochen, größeren Fischgräten oder kompletten Luftröhrenknorpelringe zu fressen geben. Beim Spielen mit einem Stock darauf achten, daß die Enden nicht gesplittert sind.
Wichtig: Ein Zungenstau durch ringförmige Fremdkörper wird oft als Insektenstich angesehen. Bei stark angeschwollener, bläulich verfärbter Zunge sofort zum Tierarzt. Der Fremdkörper läßt sich meist nur in Narkose feststellen und entfernen.

Fremdkörper in der Speiseröhre

Symptome:
– Bei frisch steckengebliebenem Fremdkörper: plötzliche Unruhe, keine Futteraufnahme, Speicheln, Hochwürgen von zum Teil blutigen Futterresten.
– Bei schon länger im Schlund steckendem Fremdkörper: Nur gelegentliches Würgen, Abschlucken von Flüssigkeit und breiigem Futter unter Beschwerden, Speicheln, »Verschlucken«, gegebenenfalls Husten.
Ursachen: Fremdkörper wie zu große und spitzige Knochenstücke oder Angelhaken, die im Schlund steckenbleiben und ihn teilweise oder vollkommen verstopfen.
Folgen: Der Hund kann austrocknen, da er durch permanentes Würgen immer wieder Flüssigkeit erbricht. Bleibt der Fremdkörper länger im Schlund stecken, entzündet sich die Stelle. Der Hund magert ab, da nur wenig Futter am Hindernis vorbeikommt, und wird immer apathischer, je weiter die Infektion sich ausbreitet. Dieser Zustand kann über Wochen andauern.
Bei nicht ganz verstopfendem Fremdkörper klingen die akuten Symptome schnell ab, so daß sie der Hundebesitzer oft nicht wahrnimmt. Die chronischen Beschwerden werden dann oft falsch interpretiert und meist auch falsch behandelt.

● **Behandlung**

▶ Nur durch den Tierarzt. Erst durch Röntgenaufnahme oder Röntgendurchleuchtung (→ Fachbegriffe, Seite 119) kann der Fremdkörper einwandfrei festgestellt werden. Er wird meist mit Hilfe einer Sonde in Narkose aus dem Schlund oder sogar noch aus dem Magen herausgeangelt. Knochen, die verdaulich sind, können eventuell in den Magen weitergeschoben werden. Chronisch vereiterte Fremdkörper müssen durch eine Operation entfernt werden. Der Heilerfolg hängt davon ab, wie stark die Schädigung der Umgebung bereits fortgeschritten ist (→ Lungen- und Brustfellentzündung, Seite 56 und 57).

Nachbehandlung: Infusionstherapie (→ Fachbegriffe, Seite 116), bei eitrigen Schlundverletzungen Antibiotika. Flüssige und breiige Nahrung (1 bis 2 Wochen).
Vorbeugung: Lassen Sie Ihren Hund nicht mit spitzen Gegenständen spielen, und verfüttern Sie keine zu großen Wirbelknochen.

■ **Homöopathie**

Dosierung → Seite 39.
Zur Nachbehandlung: Pulsatilla; Nux vomica; Argentum nitricum.

Magenschleimhautentzündung

Symptome: Plötzliches Erbrechen (eventuell blutig), Bauchgrimmen (hörbares Gurgeln im Bauch), Bauchschmerzen, vermehrter Durst, Erbrechen nach Wasseraufnahme, Benommenheit, Austrocknung des Gewebes (Exsikkose,→ Fachbegriffe, Seite 115).
Ursachen: Verdorbenes oder Allergien hervorrufendes Futter, Fremdkörper im Magen, Spulwürmer aus dem Darm, Vergiftungen, unverträgliche Medikamente und Magengeschwüre. Mögliche Ursachen für eine Magenschleimhautentzündung (Gastritis) sind auch Infektionskrankheiten wie Staupe und Leptospirose (→ Seite 98 und 100) und chronische Organerkrankungen wie Leber- und Nierenschäden. Auch eine Magenausgangsverengung kann die Ursache häufigen Erbrechens sein.
Folgen: Durch häufiges Erbrechen entsteht im Körper des Hundes ein Salzmangel, der erneut zu Brechreiz führt (Hypochlorämie, → Fachbegriffe, Seite 116). Im weiteren Verlauf kann sich eine chronische Magenschleimhautentzündung entwickeln. Dabei können chronische Beschwerden durch Übersäuerung des Magens (hyperazide Gastritis) oder durch Säuremangel (hypazide Gastritis) entstehen.

● **Behandlung**
Bei gelegentlichem Erbrechen genügt es oft, den Hund 1 Tag hungern zu lassen und ihn danach 1 bis 3 Tage auf Diät zu setzen (→ Magen-Darm-Diät, Seite 24). Falls keine Besserung eintritt, unbedingt zum Tierarzt gehen.
▶ Bei hartnäckigem und vor allem spontanem Erbrechen kurz nach dem Trinken sofort den Tierarzt aufsuchen, da die verschiedenen Ursachen unterschiedliche Behandlungen erfordern, die nur er bestimmen kann. Das Erbrechen und die Austrocknung des Körpers kann der Tierarzt durch Infusion von Kochsalz- und Elektrolytlösungen und dem Verabreichen von brechreizhemmenden und krampflösenden Mitteln verhindern. Auch schleimhautschützende Medikamente und säurebindende Präparate wie zum Beispiel Speisesoda werden zur Linderung eingesetzt. Medikamente, die die Magensäureproduktion hemmen (Antazida, → Fachbegriffe, Seite 114) zeigen bei chronischer Gastritis die beste Wirkung.

Nachbehandlung: Magen-Darm-Diät (→ Seite 24) in kleinen Portionen 3- bis 4mal täglich verfüttern.
Vorbeugung: Nie zu heißes oder zu kaltes Futter geben. Gegen Übersäuerung des Magens dem Hund spät abends noch eine Kleinigkeit füttern. Medikamente nie auf nüchternen Magen geben.

■ **Homöopathie bei Magenschleimhautentzündung**

Dosierung → Seite 39.
Der Hund ist auch Aasfresser, weshalb die Magenschleimhaut viel Magensäure produziert, um die Fäulnisbakterien abzutöten. Bei Übersäuerung, die vorwiegend bei leerem Magen entsteht, will der Hund erbrechen, frißt lange, kantige Gräser, verschluckt aber auch andere Gegenstände, die im Darm steckenbleiben können. Vorbeugend daher 1 Fastentag pro Woche (→ Darmverschluß, Seite 46).
– Argentum nitricum; Acidum arsenicum; Nux vomica; Carbo vegetabilis verabreichen.
– Bei häufigem, vor allem bei blutigem Erbrechen den Tierarzt aufsuchen.

Magengeschwür und Magentumoren

Symptome: Chronisches Erbrechen (zum Teil mit geronnenen Blutfetzen), Bauchschmerzen (besonders kurz nach der Fütterung), wechselnder Appetit, dunkler bis schwarzer Kot (verdautes Blut).
Ursachen: Geschwür durch übermäßige Produktion aggressiver Magensäfte, z.B. bei chronischer Magenschleimhautentzündung. Die Ursache von Tumoren ist noch ungeklärt, scheint aber durch chronische

Entzündungen begünstigt.
Folgen: Blutarmut (Anämie) durch ständigen Blutverlust. Magenblutungen, Abmagern, Magendurchbruch mit akuter Bauchfellentzündung (→ Seite 51).

● **Behandlung**

▶ Nur durch den Tierarzt. Diagnose durch Röntgenaufnahme oder mit Hilfe einer Sonde (Endoskopie, → Fachbegriffe, Seite 115). Magentumoren sind schwer diagnostizierbar, da sie meist tief in der Magenwand sitzen und die Schleimhaut nur gering verändern. Behandelt wird mit einer Magen-Darm-Diät (→ Seite 24) und Medikamenten. Eventuell kann operiert werden.

Nachbehandlung: → Magenschleimhautentzündung, Seite 44. Nach Operationen ist meist eine Infusionstherapie (→ Fachbegriffe, Seite 116) zur künstlichen Ernährung nötig, da zwei Tage keine flüssige und drei Tage keine feste Nahrung gegeben werden darf.
Vorbeugung: Chronische Entzündungen der Magenschleimhaut rechtzeitig und lange genug behandeln (bei empfindlichem Magen oft lebenslang). Das Verabreichen von Medikamenten, die die Magensäureproduktion hemmen, verhindert als Dauertherapie Geschwürbildungen.

Magendrehung

Symptome: Plötzliches Aufblähen des Vorderbauchs, häufig abends und im Anschluß an reichliche Fütterung. Unruhe, Würgen, Speicheln, vergebliche Versuche zu erbrechen. Atemnot.
Ursachen: Hat der Hund zuviel gefressen, und ist nicht genug Magensäure vorhanden, um die große Futtermenge zu verdauen, entleert sich der Magen nur verzögert. Durch Gärung entstehen vermehrt Gase, die den Magen aufblähen und nach oben ziehen. Der futtergefüllte Magenteil sackt jedoch nach unten, wodurch es zu einer Drehung des Magens um seine Längsachse kommt.
Folgen: Verschluß der Speiseröhre und des Zwölffingerdarms. Weitere Aufgasung. Strangulieren der Gefäße, Unterbrechung der Blutversorgung, was zu Kreislaufschwäche, Taumeln, Zusammenbrechen und Tod innerhalb weniger Stunden führt.

● **Behandlung**

▶ Akuter Notfall. Bei Auftreten der ersten Symptome sofort den Tierarzt aufsuchen. In der Regel kann nur eine Operation helfen, um den Magen zu entleeren und zurückzudrehen. Zur Verhinderung einer erneuten Drehung wird er an der Bauchwand angenäht.

Nachbehandlung: Nach der Operation 2 bis 3 Tage künstliche Ernährung mit Infusionen. Danach 1 bis 2 Wochen Magen-Darm-Diät (→ Seite 24). Antibiotika verhindern Infektionen.
Vorbeugung: Vor allem abends nur kleine Portionen füttern. Darauf achten, daß sich der Hund unmittelbar nach dem Füttern nicht im Liegen wälzt.

■ **Homöopathie**

→ Magenschleimhautentzündung, Seite 44.

Rassenanfälligkeit: Magendrehungen treten bevorzugt bei großen Hunden wie Doggen, Bernhardinern oder Schäferhunden auf, nur gelegentlich bei kleinen Rassen.

Der Hund sollte sich nicht unmittelbar nach dem Fressen im Liegen wälzen. Gefahr der Magendrehung.

Darmverschluß

Symptome: Appetitlosigkeit, Erbrechen, auch kurz nach Wasseraufnahme, fehlender Kotabsatz, zähflüssiger Schleim im Enddarm (bleibt am eingeführten Thermometer kleben), Apathie, Bauchschmerzen.
Ursachen: Verschluckte Fremdkörper, die klein genug sind, den Magenausgang zu passieren, aber im Dünndarm stecken bleiben. Darmteile, die sich ineinanderschieben oder verschlingen, bei manchen Hunden auch Einklemmungen von Brüchen (→ Eingeweidebruch, Seite 49). Bei Vergiftungen und Infektionen kann es zu Darmlähmung kommen, die einen Darmverschluß (Ileus) verursacht.
Folgen: Steckengebliebene Fremdkörper können die Darmwand durchbohren; akute Bauchfellentzündung (→ Seite 51) und letztlich Tod.

● Behandlung

▶ Umgehend den Tierarzt aufsuchen, Verzögerungen können dem Hund das Leben kosten. Genaue Diagnose nur durch Röntgenaufnahmen möglich. Eine Operation ist meist unvermeidlich.

Nachbehandlung: Nach der Operation bekommt der Hund 1 Tag kein Wasser, 2 Tage kein Futter. In dieser Zeit wird er durch Infusionen ernährt. Antibiotika über 1 Woche, um Bauchfellentzündung zu verhindern.

Akute Darmerkrankung

Symptome: Durchfall, weicher bis wäßriger, zum Teil blutiger Stuhlgang, meist mit Erbrechen kombiniert, allgemeine Schwäche, Bauchgrimmen, Austrocknen des Gewebes (Exsikkose, → Fachbegriffe, Seite 115), teils hohes Fieber.
Ursachen: Virusbedingte Infektionen wie Parvovirose oder bakterielle Infektionen z.B. mit Salmonellen (→ Seite 98 bis 101). Parasitenbefall mit Kokzidien (→ Seite 101).
Folgen: Virusbedingte Infektionen führen bei jungen Hunden bis zu 6 Monaten oft zum Tod.

● Behandlung

▶ Den Tierarzt aufsuchen. Kotprobe mitbringen, da die Erreger eventuell im Kot, gelegentlich auch durch Blutuntersuchungen festgestellt werden können. Je nach Erreger werden verschiedene Medikamente gegeben. Zuführen von Flüssigkeit durch Infusionen. Wesentlich ist eine Magen-Darm-Diät (→ Seite 24), gesüßter schwarzer Tee, dazu darmentkrampfende und schleimhautschützende Mittel (Kohle- und Gerbsäuretabletten, Kaolin, Pektin oder wismuthaltige Säfte).

Nachbehandlung: Intensive, meist stationäre Behandlung über Tage und Wochen kann nötig sein.
Vorbeugung: Den Hund nicht wahllos alles fressen lassen, sondern für eine ausgewogene Ernährung sorgen. Regelmäßige Impfungen und Entwurmungen sind vor allem bei jungen Hunden wichtig (→ Impfplan, Seite 20).

■ Homöopathie

Dosierung → Seite 39.
– Bindet giftige Gase und Stoffe: Carbo vegetabilis.
– Bei Krämpfen und Drang, Kot abzusetzen – besonders bei Kälte: Nux vomica.
– Bei sehr flüssigem Durchfall, besonders nachts: Veratrum.
– Bei Koliken schon vor dem Durchfall und großer Erschöpfung: Arsenicum album (Besserung oft durch Wärme).

Junge Hunde fressen beim Spielen alles mögliche. Darmverschluß kann die Folge sein. Ein Schuh aus Büffelhaut eignet sich zum Spielen.

Chronische Darmerkrankung

Symptome: Gelegentliches Erbrechen, Freßunlust, aber auch Heißhunger, Abmagern, stumpfes, struppiges Fell, wechselnde Kotqualität, Blähungen, gelegentlich Würmer, aber auch Blut im Kot.
Ursachen und Folgen:
– Befall mit Parasiten (Kokzidien, Giardien, Haken-, Peitschen-, Spul- oder Bandwürmer; → Seite 101 und 102) entzieht dem Körper zu viele Nährstoffe, so daß der Hund abmagert.
– Bakterien überwuchern die gesunde Darmflora und verhindern eine normale Verdauung.
– Fremdkörper, die im Dünndarm hängengeblieben sind, diesen aber nicht ganz verstopfen (zum Beispiel Knöpfe und Knochenstücke), behindern den Weitertransport der Nahrung und führen zu Verdauungsstörungen.
– Chronische Unterfunktion der Bauchspeicheldrüse oder chronischer Leberschaden bewirken eine unzureichende Verdauung der aufgenommenen Nährstoffe. Der Hund magert trotz Heißhunger ab.

● **Behandlung**

▶ Den Tierarzt aufsuchen und Kotprobe mitbringen. Parasiten und Bakterien können durch eine Kotuntersuchung festgestellt, die Beschwerden mit entsprechenden Medikamenten behoben werden.Bei Fremdkörpern muß in der Regel operiert werden. Behandlung einer Unterfunktion der Bauchspeicheldrüse und eines chronischen Leber- oder Nierenschaden → Seite 51, 50 und 66.

Nachbehandlung: Antibiotika mindestens 1 Woche geben. Auf eine konsequente Magen-Darm-Diät (Seite 24) achten.
Vorbeugung: Regelmäßige Entwurmungen, die für den Hund genauso wichtig sind wie die Schutzimpfung (→ Impfplan, Seite 20).

■ **Homöopathie**

→ Akute Darmerkrankung, Seite 46.

Chronische Enddarmerkrankung

Symptome: Wechselnde Kotqualität. Deutlicher Kotdrang, wobei sich der Hund während des Kotabsatzes kauernd weiterbewegt. Schleimiger, zum Teil hautartig überzogener Kot, wird häufiger und in kleinen Mengen abgesetzt (gelegentlich auch unkontrolliert), oft mit Blutbeimengungen (unverdautes frisches Blut aus dem Enddarm).
Ursachen: Durch Bakterien bedingte Schleimhautentzündung des Enddarms meist mit Geschwürbildung. Unruhe, Nervosität und Angstzustände, die den Transport des Nahrungsbreis durch den Enddarm beschleunigen, weshalb der Kot dünn ist.
Folgen: Durch die starke Schleimabsonderung entstehen tiefere Schleimhautschäden, die zu immer größeren Geschwüren im Enddarm führen.

Der Hund »fährt Schlitten«, wenn sein After verklebt ist oder er Würmer hat.

● **Behandlung**
Ist die chronische Enddarmerkrankung (Kolitis) nervös bedingt, können Beruhigungsmittel eingesetzt werden. Bakterienbefall wird mit Antibiotika bekämpft.
► Nur der Tierarzt kann eine geschwürige Enddarmerkrankung feststellen. Grundlage der Behandlung ist eine strikt einzuhaltende Magen-Darm-Diät (→ Seite 24) mit schwarzem Tee, Gerbsäurepräparaten und Kohletabletten, die den Kot eindicken, dazu entkrampfende und schmerzlindernde Mittel. Bei geschwüriger Enddarmerkrankung muß Kortison (→ Fachbegriffe, Seite 116) verabreicht werden.

Nachbehandlung: Die Therapie muß über Wochen oder sogar Monate erfolgen. Oft ist eine lebenslange Diätfütterung notwendig.

■ **Homöopathie**
Dosierung → Seite 39.
Podophyllum; Ignatia; Mercurius sublimatus corrosivus; Graphites; Aloe; Veratrum.
Keine Innereien füttern.

Rassenanfälligkeit: Boxer, Dobermann, Deutscher Schäferhund und Irish Setter neigen zu nervösen Durchfällen mit chronischen Enddarmproblemen. Beim Boxer kommt eine vererbte geschwürige Enddarmerkrankung vor.

Kotverstopfung

Symptome: Ständiger Kotdrang ohne Kotabsatz. Meist preßt der Hund zum Teil blutigen Schleim heraus. Schmerzäußerungen, Belecken des Afters, bei länger bestehender Verstopfung Erbrechen, Austrocknung des Gewebes (Exsikkose, → Fachbegriffe, Seite 115).
Ursachen: Zu große Mengen an Knochen, zum Beispiel Schweinerippchen, Ochsenschwanz oder Geflügelknochen, können zu steinhartem Knochenkot im Enddarm und zu Verstopfung führen. Bei alten Rüden entsteht Verstopfung manchmal durch eine vergrößerte Vorsteherdrüse (Prostata), die den Enddarm einengt, (→ Eingeweidebruch, Seite 49). Geflügelknochen, vor allem die Splitter zerbissener Röhrenknochen, können sich kurz vor dem After seitlich einspießen, so daß der Kotabsatz wegen der Schmerzen unmöglich ist.
Folgen: Selbstvergiftung des Körpers durch schädliche Stoffwechselprodukte, Bauchfellentzündung, Abszeßbildung am After.

● **Behandlung**
► Bei Kotverstopfung (Koprostase) umgehend den Tierarzt aufsuchen. Anhand einer Röntgenaufnahme stellt er das Ausmaß der Verstopfung fest. Meist kann er mit Enddarmspülung (Klistieren) helfen. Gelegentlich muß der Knochenkot in Narkose zerkleinert und ausgeräumt werden. Eingespießte Knochensplitter werden einzeln herausgeholt.

Nachbehandlung: Einige Tage unter das Futter Milch, Speiseöl und Innereien mengen, damit der Kot weich bleibt. Gegen eine Entzündung der Afterregion helfen Hämorrhoidalsalben.
Vorbeugung: Grundsätzlich für eine ausgewogene Ernährung sorgen. Keine Geflügelknochen füttern. Auch Knochen, die ein Hund völlig zerkleinern und vertilgen kann, zum Beispiel Schweinerippchen, nur in geringer Menge geben (ein Dackel sollte beispielsweise nur zwei Stück auf einmal erhalten).

■ **Homöopathie**
Dosierung → Seite 39.
– Bei kälteempfindlichen Tieren: Natrium chloratum.
– Bei Krämpfen: Atropinum.

Im Stehen erkennt man bei Hunden Brüche am besten, da sich die Eingeweide vorwölben.

Eingeweidebruch

Symptome: Starke Schmerzen, Unruhe, Hervorwölbung im Nabel-, Leisten- oder Dammbereich (zwischen After und Geschlechtsorganen).
Ursachen: Bruch nennt man eine sackförmige Ausstülpung des Bauchfells durch eine Lücke in der Bauchdecke. Durch die Öffnung können Darmteile oder andere Bauchorgane unter die Haut gelangen. Begünstigt wird die Bruchbildung durch plötzliche, starke Muskelanspannungen, Zerreißen der Muskulatur, zum Beispiel bei einem Verkehrsunfall, oder durch Zunahme des Drucks in der Bauchhöhle bei der trächtigen Hündin.
– Da Nabel oder Leistenkanal von Geburt an Lücken in der Bauchdecke darstellen, gibt es Brüche oft schon beim neugeborenen Hund.
– Dammbruch entsteht vorwiegend bei alten Rüden durch ständiges Pressen bei Verstopfung wegen der vergrößerten Prostata (→ Kotverstopfung, Seite 48).
Folgen: Kleine Brüche, die keine Darmschlingen enthalten, bereiten dem Hund keine Beschwerden. Große Brüche behindern bei der Bewegung. Eingeklemmte Darmteile können zum Darmverschluß führen (→ Seite 46).

● Behandlung

▶ Ein eingeklemmter Eingeweidebruch (Hernie) stellt einen akuten Notfall dar. Sofort den Tierarzt aufsuchen. Alle anderen Brüche sollten je nach Umfang und Beschwerden gelegentlich operiert werden.

Nachbehandlung: Mit Milch, Speiseöl und Innereien als Futterzusatz einige Tage für weichen Stuhlgang sorgen.
Die Operation des Dammbruchs ist nur sinnvoll, wenn der Rüde gleichzeitig kastriert wird, damit sich die zu große Vorsteherdrüse wieder zurückbildet.
Vorbeugung: Grundsätzlich einen Bruch beizeiten operieren lassen, noch bevor es zu einer Einklemmung kommen kann. Nabelbrüche sollte der Tierarzt nach Möglichkeit bereits beim Welpen operativ versorgen.

Analtumoren und Abszeß der Analdrüsen

Symptome: Knoten um den After, zum Teil blutig oder eitrig aufbrechend, Rutschen auf dem Hinterteil, sogenanntes »Schlittenfahren« (→ Fachbegriffe, Seite 118). Ständiges Schlecken am After, faulig-säuerlicher Geruch.
Ursachen und Folgen:
– Die Analbeutel am After können sich durch eindickendes Sekret (Sekretion, → Fachbegriffe, Seite 119) verstopfen, dadurch entzünden und nach außen links oder rechts vom After aufbrechen.
– Analtumoren kommen vor allem beim alten Rüden als meist gutartige Geschwüre rund um den After vor. Sie brechen gelegentlich als blutende, kraterförmige Wunde durch die Haut auf.

● Behandlung

▶ Den Tierarzt aufsuchen.
Entzündete Analdrüsen, vor allem Abszesse, heilen nach Spülungen mit 2%iger Wasserstoffsuperoxydlösung und Behandlung mit Antibiotika relativ schnell ab. Bei sich wiederholender Entzündung sollten die Drüsen vom Tierarzt entfernt werden.
Analtumoren sind meist harmlose Drüsengeschwüre. Brechen sie blutig auf, müssen sie operiert werden, können jedoch wieder nachwachsen.
Nachbehandlung: Mit einer Hämorrhoidalsalbe, die Sie um den After Ihres Hundes auftragen, wird der Juckreiz gelindert. Nach der Öffnung des Abszesses müssen 1 Woche lang Antibiotika gegeben werden.
Vorbeugung: Die Neubildung von Drüsentumoren rund um den After kann durch eine Hormonbehandlung oder Kastration des Rüden (→ Fachbegriffe, Seite 117) deutlich eingeschränkt werden.

■ Homöopathie

Dosierung → Seite 39.
Bei rissiger und trockener Haut in der Analregion und im Bereich der Lefzen: Paeonia officinalis; Acidum nitricum.

Lebererkrankung

Die Leber ist das zentrale Stoffwechselorgan des Körpers, für den Hund ebenso wie für den Menschen. Sie baut Kohlenhydrate, Eiweiße und Fettstoffe aus der Nahrung zu den Stoffen um, die für den Organismus lebenswichtig sind. Da liegt es auf der Hand, daß es bei Funktionsstörungen der Leber zu erheblichen Erkrankungserscheinungen kommt.
Bei Leberschäden zeigen sich folgende Symptome: Mattigkeit, schlechter Appetit, Abmagerung, gelegentliches Erbrechen, Durchfall mit hellem Kot, vermehrter Durst, Blutungsneigung, Blutarmut, Gelbsucht, brauner, dunkler Urin, totale Apathie, Bewegungsstörungen, Taumeln, epileptische Anfälle, Leberkoma.
Schwere Leitsymptome sind: Gelbsucht, Lebervergrößerung (fester schmerzempfindlicher Vorderbauch), heller, gelblich-fahler Kot, dunkelbrauner Urin, Bauchwasser (schwabbelnder Hängebauch).
Sie entstehen durch zwei unterschiedlich verlaufende Krankheiten, der akuten und chronischen Hepatitis.
Tumoren der Leber kommen relativ selten vor. Sie sind meist bösartig. Es handelt sich überwiegend um Metastasen (→ Fachbegriffe, Seite 117) von Tumoren der Milz und Bauchspeicheldrüse oder Metastasen, die sich bei Leukose bilden (→ Seite 62).

Akute Hepatitis

Ursachen: Infektionskrankheiten (→ Seite 98 bis 101), die durch Viren, Bakterien oder Blutparasiten hervorgerufen werden. Vergiftungen durch Medikamente, Insektizide und sonstige Giftstoffe.

● **Behandlung**

▶ Sofort zum Tierarzt, da Lebensgefahr besteht. Künstliche Ernährung durch Infusionen als wichtigste Notmaßnahme. Bekämpfung der ursächlichen Krankheit mit entsprechenden Medikamenten, z.B. Antibiotika. Übersteht der Hund die akute Phase einer Lebererkrankung, so kann ihm, wie bei chronischem Leberleiden, recht oft geholfen werden. Die Leber kann sich von den schwersten Erkrankungen erholen.

■ **Homöopathie bei Lebererkrankungen**

Dosierung → Seite 39.
– Bei Appetitlosigkeit, Blähungen, Bauchwassersucht: Lycopodium.
– Bei Beteiligung von Gallenstau (Gelbsucht): Taraxacum; Carduus marianus; Vincetoxicum; Chelidonium.
– Bei Erbrechen von Galle: Leptandra.
– Bei Hunden, die stark abmagern: China; keine Tropfen verwenden, da diese Alkohol enthalten.

Chronische Hepatitis

Ursachen: Zu hoher Kortisonspiegel im Blut durch Überfunktion der Nebennieren (→ Seite 86) oder längere hochdosierte Kortisonbehandlung; gestörter Fettstoffwechsel durch zu fette Ernährung, Fettsucht und Zuckerkrankheit; chronische Infektionen, Vergiftungen durch Schwermetalle und Pflanzenschutzmittel, chronischer Leberstau.
Folgen: Leberverfettung und Leberzirrhose bzw. Leberfibrose (→ Fachbegriffe, Seite 117).

● **Behandlung**

▶ Nur durch den Tierarzt. Die genaue Diagnose wird durch Blutuntersuchungen (Leberwerte, Antikörpernachweis) oder eine Gewebeentnahme aus der Leber (Biopsie, → Fachbegriffe, Seite 115) gestellt.
Die Behandlung besteht in der Bekämpfung der ursächlichen Krankheit und vor allem in einer konsequenten Leber-Diät (→ Seite 24). Antibiotika müssen anfangs meist zum Schutz vor erneuten Infektionen dazugegeben werden. Kortison (→ Fachbegriffe, Seite 117) in niedriger Dosierung hilft manchmal sogar eine Leberzirrhose zu lindern.

Nachbehandlung: Antibiotika über 1 bis 2 Wochen. Konsequente Leber-Diät (→ Seite 24). Regelmäßige Kontrollen der Leberwerte (anfangs wöchentlich, danach monatlich).

Chronische Unterfunktion der Bauchspeicheldrüse

Die Bauchspeicheldrüse (Pankreas) produziert Verdauungsfermente für den Darm sowie Insulin zur Regulierung des Zuckerspiegels im Blut. Nichtentzündliche Funktionsstörungen führen zur Zuckerkrankheit (→ Seite 87). Entzündungen und dadurch bedingte Schrumpfungen beeinflussen vor allem ihre Funktion für die Verdauung. Eine akute Entzündung der Bauchspeicheldrüse kommt sehr selten vor und hat meist eine Selbstauflösung der Bauchspeicheldrüse zur Folge, die zu einer tödlichen Bauchfellentzündung führt.
Symptome: Bei chronischer Unterfunktion der Bauchspeicheldrüse (Pankreasatrophie) Abmagerung trotz guten oder übermäßigen Appetits, wechselnd weicher, fettig glänzender, lehmfarbener Kot, ständige Verdauungsstörungen mit gelegentlichem Erbrechen, Blähungen und Durchfällen. Das Allgemeinbefinden scheint nicht wesentlich gestört.
Ursachen und Folgen: Durch Verkümmerung des Verdauungsteils der Bauchspeicheldrüse kommt es zu einem Mangel an Verdauungssäften (Fermenten) und dadurch zu chronischen Verdauungsstörungen.

● Behandlung

▶ Nur durch den Tierarzt möglich. Durch Kotuntersuchungen läß sich der Mangel an Pankreasfermenten feststellen. Nach Abheilung eventueller Entzündungen Verschreibung von Verdauungsfermenten und geeignete Diät, die reich an leichtverdaulichem Eiweiß und Kohlenhydraten, aber fettarm sein soll.

Nachbehandlung: Lebenslang Pankreasferment-Ersatz im Futter sowie konsequente Bauchspeicheldrüsen-Diät (→ Seite 24) in 3 bis 4 Rationen täglich. Trotzdem kann es immer wieder zu Verdauungsstörungen kommen, die dann je nach Symptomen wie eine chronische Darmentzündung (→ Seite 47) behandelt werden müssen.

■ Homöopathie

Dosierung → Seite 39.
Unterstützend
– bei wiederholtem Erbrechen und weiß-grauem Kot: Acidum phosphoricum,
– bei Durchfällen: Arsenicum album.
Keine Tropfen verwenden, da diese Alkohol enthalten.

Rassenanfälligkeit: Bei Deutschen Schäferhunden kommt eine vererbte chronische Bauchspeicheldrüsen-Verkümmerung (Atrophie) im Alter zwischen 1 1/2 und 2 Jahren gehäuft vor. Erkrankte Tiere von der Zucht ausschließen.

Bauchfellentzündung

Symptome: Mattigkeit, hohes Fieber, Erbrechen, beschleunigte Atmung, jagender Puls, aufgekrümmter Rücken, hochgradig schmerzhafter Bauch, vorsichtiges Bewegen und Hinlegen, da der Bauch sehr schmerzhaft ist.
Ursachen: Infektion der Bauchhöhle durch Darm durchbohrenden Fremdkörper oder Verletzung von außen, Magen-, Darm- und Blasenverletzungen nach Unfall, aufgebrochene Gebärmuttervereiterung oder offener Prostataabszeß, akute Bauchspeicheldrüsenentzündung.
Folgen: Unbehandelt verläuft eine Bauchfellentzündung (Peritonitis) innerhalb von Tagen tödlich.

● Behandlung

▶ Nur durch den Tierarzt möglich. Bei schlechtem Allgemeinbefinden Infusionstherapie (→ Fachbegriffe, Seite 116). Hochdosierte Antibiotika, entzündungshemmende und schmerzlindernde Mittel helfen die akuten Beschwerden zu lindern. Wichtig ist vor allem, nach der ersten Notversorgung die verursachende Krankheit zu behandeln, dazu muß meist durch einen operativen Eingriff die Bauchhöhle eröffnet werden.

Nachbehandlung: Meist stationäre Infusionsbehandlung und Bauchhöhlenspülungen über 3 bis 4 Tage. Antibiotika über 1 bis 2 Wochen.

Erkrankungen des Atmungs- und Kreislauf-apparates

Wie der Mensch braucht auch der Hund Luft, um zu leben. Er atmet sie durch Nase und Mund ein, über die Luftröhre gelangt sie in die Lunge. Hier reichert sich das Blut mit Sauerstoff an, fließt zum Herzen und wird von dort über die Hauptschlagader und die Arterien in den Körper gepumpt. Das verbrauchte, sauerstoffarme Blut fließt über die Venen zurück zum Herzen und von dort wieder in die Lunge, wo der Sauerstoffaustausch erneut stattfindet.

Wunden am Nasenspiegel

Der Nasenspiegel ist der glatte, dünn verhornte Bereich um die Nasenlöcher des Hundes, der meist dunkel pigmentiert und feucht ist. Allerdings ist eine trockene, heiße Nase nicht als Krankheitszeichen zu sehen. Vielmehr ist ein trockener oder mit Rissen durchzogener Nasenspiegel oft Veranlagung. Verkrustungen und Schürfwunden oberhalb des Nasenspiegels kommen bei Hunden vor, die Knochen oder Futter mit der Schnauze in zu hartem oder dafür ungeeignetem Teppich- und Holzboden vergraben wollen. Bei einer chronisch verlaufenden Staupeinfektion zeigt sich gelegentlich auch ein hornverkrusteter Nasenspiegel. Zudem können verschiedene Autoimmunkrankheiten (→ Seite 84 und 95) mit nässenden Wunden am Nasenspiegel-Haut-Übergang einhergehen.
Behandlung: Um ein Austrocknen des Nasenspiegels zu verhindern, sollten Sie Baby- oder Massageöl auftragen. Bei Wunden und Krusten müssen ölige, Antibiotika enthaltende Lösungen mit Kortisonzusatz verwendet werden, die Ihnen der Tierarzt mitgibt.

Nasenschleimhaut-entzündung

Symptome: Schniefen, Niesen, wäßriger, eitriger, zum Teil blutiger Nasenausfluß, eitrig verkrustete Nasenflügel, bei Verstopfung schnorchelnde Atmung durch den Mund; pumpendes Ausatmen aus der Nase.
Ursachen: Meist virusbedingte Nasenschleimhautentzündung (Rhinitis). Führt häufig zu eitrigem Nasenausfluß, wenn eine Bakterieninfektion hinzukommt. Auch mit Staupe und Zwingerhusten (→ Seite 98 und 100) geht eitrige Rhinitis einher. Meist einseitiger Nasenausfluß bei Fremdkörper und Tumoren.
Folgen: Chronische Rhinitis, die nicht selten zu einer Infektion mit Pilzen führt. Diese kann die Nasenmuscheln zersetzen.

● **Behandlung**

Bei einfachem Schnupfen reinigen Sie 3mal täglich die Nasenöffnungen mit lauwarmer Kamillenlösung, die Sie auf einen Wattebausch träufeln. Inhalationen (→ Fachbegriffe, Seite 116) mit Eukalyptusöl.

► Bei eitriger Rhinitis den Tierarzt aufsuchen. Spülungen der tieferen Nasenregionen sowie Untersuchung auf Fremdkörper sind nur in Narkose möglich, desgleichen Röntgenaufnahmen bei Tumorverdacht oder Entzündungen der Nebenhöhlen. Heilend sind schleimhautabschwellende Nasentropfen, bei Fieber und schwereren Infektionen

Antibiotika. Bei Pilzinfektionen hilft meist nur ein operatives Ausräumen der Nasenhöhlen. Tumoren sind zu 70% bösartig und meist nicht operabel.
Hinweis: Nasenbluten kann durch Fremdkörper, Tumoren, pilzbedingte Rhinitis, Zahnfisteln und Gefäßverletzungen verursacht sein, aber auch durch Blutgerinnungsstörungen bei Vergiftungen und schweren Lebererkrankungen. Als Erste-Hilfe-Maßnahme Kühlung mit Eiswasser, Tamponade des betroffenen Nasenlochs. Dann umgehend zum Tierarzt.

Nachbehandlung: Vor allem bei pilzbedingter Infektion Nachbehandlung mit Antimykotika (→ Fachbegriffe, Seite 115) oft über Wochen und Monate.
Vorbeugung: Tägliche morgendliche Reinigung des Nasenspiegels.

■ **Homöopathie**
Dosierung → Seite 39.
Euphorbium, Mercurius bijodatus.
– Bei Schleimabsonderung: Pulsatilla.
– Bei Blutungen: Cinnamomum.

Rassenanfälligkeit: Kurzschnauzige kleine Rassen wie Mops, Pekinese, französischer Bulli, Boston-Terrier. Sind ihre Nasenflügel zu breit, schließen sich beim Luftholen ein oder beide Nasenlöcher wie mit einem Ventil. Dies muß gelegentlich operativ korrigiert werden.

Rachen-Mandelentzündung, Kehlkopfentzündung

Symptome: Röchelnde Atmung, Schnarchen, vor allem bei Aufregung und Hitze mit starkem Hecheln, Erstickungsanfälle, Schluckbeschwerden, Würgen, häufiges Leerschlucken mit Halsstrecken, spuckender Husten zum Teil mit Erbrechen, heiseres Bellen.
Ursachen: Zu enger Rachen bei kurzschnauzigen Rassen, der Infektionen begünstigt; Erkältungen; Insektenstiche (→ Seite 42); Fremdkörper im Rachen-Kehlkopfbereich, Kehlkopfödem, Stimmbandlähmung und Tumoren des Rachens.
Folgen: Erkrankungen der Lunge oder des Verdauungstraktes werden durch chronische Rachen-Mandelentzündungen begünstigt. Chronische Beschwerden können aber auch durch Wucherungen und Tumoren entstehen.

● **Behandlung**
Entzündungen des Rachen-Kehlkopf-Bereiches (Pharyngitis-Laryngitis) erkennt man an vergrößerten, aus ihren Taschen hervorgetretenen Mandeln und verschleimtem, gerötetem Rachen. In leichten Fällen hilft Wärme durch ein Halstuch (→ Zeichnung, Seite 54) und breiiges, angewärmtes Futter.
▶ Falls keine Besserung eintritt, zum Tierarzt gehen. Er hilft mit Auspinseln des Rachens und

Hunde mit kurzer Schnauze sind anfällig für Rachenerkrankungen.

schleimlösenden Mitteln (mit Codein) gegen den Reizhusten. Bei schweren eitrigen Infektionen beugen Sulfonamide oder Antibiotika (→ Fachbegriffe, Seite 119 und 114) einer chronischen Infektion vor. Eine Mandeloperation ist nur selten nötig. Fremdkörper im Rachen (Gräten, Knochen, Holzsplitter, Angelhaken) werden in Narkose entfernt. Kehlkopfödem und Kehlkopfkrampf werden mit antiallergischen und entkrampfenden Mitteln behandelt. Bei Stimmbandlähmung, Tumoren oder zu langem Gaumensegel muß meist operiert werden.

Nachbehandlung: Mindestens 1 Woche schleimlösende Mittel und Antibiotika verabreichen und den Hund warm halten.
Vorbeugung: Nichts zu trinken oder fressen geben, das zu heiß oder zu kalt ist.

■ **Homöopathie**
Dosierung → Seite 39.
– Bei Mandelentzündung: Mercurius solubilis; Lachesis; Belladonna; Echinacea angustifolia.
– Bei hohem Fieber, Schluckbeschwerden, Zähneknirschen: Phytolacca.
– Bei Kehlkopfentzündung mit heiserem Bellen: Phosphorus.
– Bei Kehlkopfentzündungen mit Bellhusten und viel Schleim: Drosera.

Rassenanfälligkeit: Kurzschnauzige Rassen wie Pekinese, Mops, Boston-Terrier, französischer Bulli und Boxer sind wegen ihres zu engen Rachenraums am häufigsten betroffen. Aufregung, Hitze, geringe entzündliche Schwellung und Verschleimung des Rachens genügen, um zu schweren Atembeschwerden zu führen. In den meisten Fällen hilft nur eine operative Kürzung des Gaumensegels, dauerhafte Beschwerden zu verhindern.

Entzündung der Luftröhre

Symptome: Trockener, bellender anfallsweiser Husten, oft durch Ziehen an der Leine, frische Luft oder Verschlucken beim Trinken ausgelöst. Schwierigkeiten und röchelnde Geräusche vor allem beim Einatmen.
Ursachen: Einengung oder Zusammenklappen der Luftröhre durch Tumoren, Lymphknotenschwellungen, Abszeßbildungen durch Fremdkörper im Schlund sowie Vergrößerung des Herzens.
Folgen: Durch die Einengung oder das Zusammenklappen kommt es zur Atembehinderung und dadurch zu unstillbaren Hustenanfällen.

● **Behandlung**
▶ Zum Tierarzt gehen. Zur genauen Diagnose einer Luftröhrenentzündung (Tracheitis) sind Röntgenaufnahmen und meist eine Luftröhrenspiegelung (Tracheoskopie) in Narkose nötig. Behandlung mit schleimlösenden Mitteln, Antibiotika und Inhalationen (→ Fachbegriffe, Seite 116).
Bei Einengung der Luftröhre muß die Ursache, z.B. Tumor, Fremdkörper, wenn möglich operativ beseitigt werden.

Nachbehandlung: Schleimlösende Mittel, Antibiotika und Inhalationen über 1 bis 2 Wochen.
Vorbeugung: Ziehen am Halsband durch das Anlegen eines Brustgeschirrs (im Zoofachhandel erhältlich) verhindern. Bei angeborener Abflachung der Luftröhre Hunde von der Zucht ausschließen.

Rassenanfälligkeit: An erblich bedingter Luftröhrenabflachung leiden vor allem Zwergversionen von Yorkshire, Pudel, Spitz und Shi-Tzu. Eine zu enge Luftröhre kommt als Erbfehler auch bei Englischen Bulldoggen, Bullmastiff und verwandten Rassen vor.

■ **Homöopathie**
→ Bronchitis, Seite 55.

Bei Halsentzündungen hilft dem Hund oft schon ein wärmender Schal.

Bronchitis, bronchiale Fremdkörper

Symptome: Tiefer, feuchter, oft pfeifender Husten mit langen Hustenstößen, Atemnot, vor allem beim Ausatmen, verlängertes Ausatmen mit Pfeifgeräuschen.
Ursachen: Infektion durch mehrere Viren (→ Zwingerhusten, Seite 100), Bakterien, seltene Parasiten; fast immer verbunden mit einer Luftröhrenentzündung (Tracheobronchitis). Schadstoffe in der Umwelt, allergische Reaktion auf Insektenstiche oder Überempfindlichkeit auf Medikamente; eingeatmete Fremdkörper (Gräser, Grannen, Steinchen, Holzsplitter).
Folgen: Fremdkörper, die nicht ausgehustet werden, können nach Tagen bis Wochen eine eitrige Lungenentzündung verursachen (→ Seite 56). Eine allergische Bronchitis kann asthmatische Beschwerden zur Folge haben.

● Behandlung

Im Anfangsstadium helfen Wärmezufuhr, Einreibungen und Brustwickel mit Franzbranntwein und Kampfersalben, eventuell auch Inhalationen (→ Fachbegriffe, Seite 116).
▶ Bei Fieber zum Tierarzt gehen. Behandlung mit schleimlösenden und die Bronchien erweiternden Mitteln, bei starkem Reizhusten codeinhaltige Präparate, eventuell sogar Beruhigungsmittel; Paraimmunitätsinducer (→ Fachbegriffe, Seite 118) zur Steigerung der Immunabwehr; gegen eine Ausweitung der Erkrankung sind meist auch Antibiotika und Sulfonamide nötig. Parasitenbefall wird mit dem entsprechenden Mittel behandelt; die allergisch bedingte Bronchitis, die aufgrund zunehmender Luftverschmutzung auch bei Hunden immer häufiger vorkommt, wird zusätzlich mit Kortison behandelt. Fremdkörper werden entweder in Narkose durch eine Bronchoskopie (Endoskopie, → Fachbegriffe, Seite 115) gleich entfernt oder müssen, sofern sie vereitert und verwachsen sind, wenn möglich, operiert werden.

Nachbehandlung: Antibiotika über 1 bis 2 Wochen, schleimlösende Mittel bis zum Abklingen der Symptome, vor allem bei Neigung zu chronischer Bronchitis. Allergische Bronchitis erfordert oft eine lebenslange Therapie mit Kortison.
Vorbeugung: Trockene Luft fördert die Neigung zur Bronchitis. Deshalb vor allem in zentralgeheizten Räumen für genügend Luftfeuchtigkeit (50 bis 60 %) sorgen. Bei chronischer Bronchitis ist, wie beim Menschen, die Inhalation von Dämpfen und Aerosolen (→ Fachbegriffe, Seite 114) eine optimale Vorbeugemaßnahme (→ Zeichnung). Frische Bergluft oder ein Reizklima an der See wäre eine optimale Vorbeugemaßnahme.

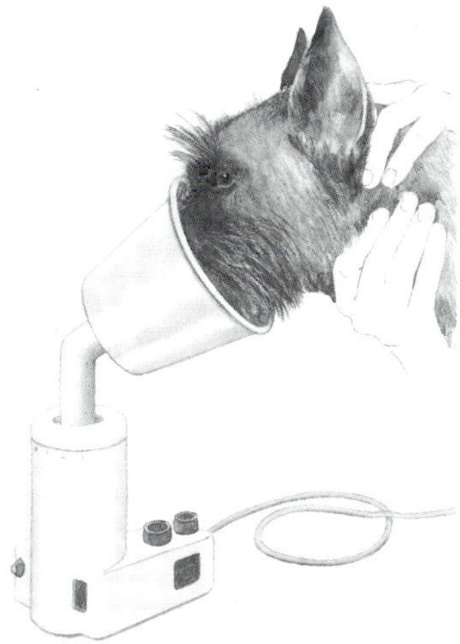

Mit sanftem Druck wird die Schnauze bei der Inhalation in den Trichter gehalten oder der Trichter über die Nase gestülpt.

■ Homöopathie

Dosierung → Seite 39.
Tartarus stibiatus; Drosera; Hepatica triloba.
– Bei trockenem Husten: Naphtalium.
– Bei Husten abends und nachts: Ipecacuanha.
– Bei kurzem, trockenem Husten: Arsenicum jodatum.
– Bei krampfartigem, asthmaähnlichem Zustand: Cuprum sulfuricum (als Zäpfchen).
– Wenn Schleim nicht abgehustet werden kann: Coccus cacti.

2

Lungenentzündung

Symptome: Meist hohes Fieber (bis 41 °C), Apathie; feuchter, kraftloser und meist schmerzhafter Husten, der durch Beklopfen der Brust ausgelöst werden kann; eitriger Nasenfluß und eitrige Bindehautentzündung, Schweratmigkeit mit kurzen Stößen und erhöhter Atemfrequenz.
Ursachen: Entzündliche Erkrankung des gesamten Lungengewebes (Pneumonie), die entweder aus einer nicht ausgeheilten Bronchitis entstehen kann oder durch eine Infektionskrankheit, z.B. Staupe, ausgelöst wird. Vor allem junge Hunde sind hierfür sehr anfällig. Weitere Ursachen können unter anderem Herzfehler mit Lungenstau, Allergien, Verletzungen des Brustraums oder vereiternde Fremdkörper (→ Bronchitis, Seite 55) sein. Fehlschlucken von Futter, z.B. in Ohnmacht oder Narkose und beim Zwangsfüttern sowie durch Schluckstörungen bei Speiseröhrenerkrankungen, können zu besonders schweren Lungenentzündungen führen.
Folgen: Fortgeschrittene schwere Lungenentzündung führt zu bleibendem Lungenschaden und verläuft oft auch tödlich.

● Behandlung

▶ Der Tierarzt stellt mit Hilfe von Blutuntersuchungen, Keimproben oder Röntgenaufnahmen Ausmaß, Art und Ursache der Lungenentzündung fest und behandelt wie bei der Bronchitis.

Nachbehandlung: Antibiotika und Antimykotika (→ Fachbegriffe, Seite 114) müssen je nach Erreger oft über Wochen oder Monate gegeben werden. Günstig wirkt sich ein Reizklima an der See oder in den Bergen aus.
Vorbeugung: Um einer Lungenentzündung durch Fehlschlukken vorzubeugen, sollte Ihr Hund 12 Stunden vor einer Narkose nichts mehr zu fressen bekommen.

■ Homöopathie bei Lungenentzündung

Dosierung → Seite 39.
Da fast immer hohes Fieber besteht, müssen Antibiotika gegeben werden. Homöopathische Mittel werden nur zur Unterstützung und Nachbehandlung empfohlen.
Zur Unterstützung des Heilungsprozesses:
– Zu Beginn der Entzündung: Aconitum.
– Bei schwerer Atemnot, Keuchen und pfeifenden Geräuschen beim Einatmen, vor allem auch, wenn der Husten abends und nachts schlimmer wird und der Hund nicht liegenbleiben kann: Belladonna.
– Ansonsten Bryonia alba.
Zur Nachbehandlung: Drosera; Phosphorus.
Zur Stärkung des Herzens: Crataegus.

Lungenödem

Symptome: Kurzatmigkeit, Unruhe. Hunde suchen nach Kühle und frischer Luft; matter und feuchter Husten, schaumigweißer Auswurf, bläulich verfärbte Schleimhäute. Hunde atmen bis zur Erschöpfung im Stehen oder Sitzen. Unregelmäßiger, beschleunigter Puls.
Ursachen: Häufigste Ursache ist ein Herzfehler (→ Linksherzinsuffizienz, Seite 60), bei dem das Blut in die Lunge zurückgestaut wird. Es entsteht eine abnorme Ansammlung von Flüssigkeit im Lungengewebe. Andere Ursachen sind Vergiftungen oder Insektenstiche (→ Seite 42).
Folgen: Wenn ein Lungenödem nicht behoben werden kann, führt es zum Erstickungstod.

● Behandlung

▶ Die akuten Symptome eines Lungenödems entwickeln sich meist allmählich. Nach Feststellung der Ursachen behandelt der Tierarzt mit vermehrter Sauerstoffzufuhr; Beruhigung des Patienten, eventuell mit Medikamenten; Verminderung des Blutrückflusses zum Herzen durch Abbinden von abwechselnd je 2 Beinen etwa eine halbe Stunde lang; Entwässerung des Körpers und der Lunge sowie Erweiterung der Bronchien mit entsprechenden Mitteln. Absaugen des Schleims aus dem Rachen und Kehlkopfbereich. Je nach Ursache sind zusätzliche Medikamente wie z.B. herzstützende

Mittel, Kortison oder Gegengifte nötig.

Nachbehandlung: Ist die kritische Phase überstanden, muß der Kreislauf mit herzstützenden und entwässernden Medikamenten stabil gehalten werden (eventuell lebenslange Therapie).
Vorbeugung: Bei Herzfehler Aufregung, Anstrengung, Übergewicht und vor allem schwüle Hitze meiden.

■ **Homöopathie**
Dosierung → Seite 39.
Apis; Crataegus; Kalium carbonium.

Tumoren der Lunge

Von der Lunge selbst ausgehende Tumoren sind sehr selten. Nur im Anfangsstadium kann eine Operation versucht werden. Wesentlich häufiger kommen Metastasen (→ Fachbegriffe, Seite 117) anderer Tumoren, zum Beispiel von Gesäuge- oder Knochenkrebs vor. Tumoren der Lunge können ab einer bestimmten Größe (etwa 5 mm Durchmesser) auf Röntgenbildern erkannt werden. Eine Operation ist meist unsinnig, da die Ausstreuung der Krebsgeschwulst durch einen Eingriff sogar noch beschleunigt wird. Machen Sie lieber Ihrem Hund das Leben noch so schön wie möglich. Der Tierarzt sollte ihn dann rechtzeitig von seinen Leiden erlösen (→ Seite 113).

Rippenfellentzündung und Brusthöhlenergüsse

Symptome: Schwacher, unterdrückter, schmerzhafter Husten; gelegentlich Fieber, beschleunigte Atmung, häufig mit betonter Bauchdeckenbewegung; pumpendes Atmen im Stehen oder Sitzen, Ruhelosigkeit bis zur Erschöpfung.
Ursachen: Bei Brust- und Rippenfellentzündung (Pleuritis) liegen Infektionen mit Bakterien, Risse im Schlund durch Fremdkörper oder Brustwandverletzungen nach Unfall oder Biß vor.
Brusthöhlenergüsse entstehen durch Lungenstau (→ Seite 56), Verletzungen von Gefäßen sowie Tumoren in der Brusthöhle.
Folgen: Die Lunge kann sich wegen der Flüssigkeit nicht mehr ausdehnen, der Hund erstickt.

● **Behandlung**
▶ Sofort zum Tierarzt. Er stellt die Art des Ergusses durch Röntgenaufnahmen, Blutuntersuchungen oder Punktion der Brusthöhle fest. Fieber deutet auf eine Infektion hin, die mit Schmerzmitteln, codeinhaltigen Präparaten gegen den Husten und Antibiotika behandelt wird. Bei chronischen Infektionen sind Spülungen der Brusthöhle mit Kochsalzlösungen hilfreich. Bei Herzfehler sind herzstützende und entwässernde Präparate nötig. Bei Lungen- oder Gefäßrissen und bei Tumoren hilft gelegentlich eine Operation.

Nachbehandlung: Antibiotika unter Umständen über Monate.
Vorbeugung: Bronchitis und Lungenentzündung konsequent ausheilen.

■ **Homöopathie**
Dosierung → Seite 39.
Langanhaltende Erkrankungen der Lunge und des Brustfells belasten das Herz.
– Zur Unterstützung: Crataegus oder Cactus.
– Sonst: Bryonia alba; Lachesis; Phosphorus.

Hat der Hund einen Herzfehler (→ Seite 59), sollte er nicht zu sehr herumtoben.

Freie Luft in der Brusthöhle

Symptome: Pumpende Atmung, beschleunigter Puls, Atemnot ohne hörbare Atemgeräusche, bläulich verfärbte Zunge und Schleimhäute.
Ursachen: Durch den Aufprall bei Unfällen entstehen kleine »Lungenrisse«, aus denen Luft in den freien Brustraum entweicht. Sie läßt die Lungenlappen schrumpfen und engt dadurch das Atemvolumen ein.
Folgen: Der Hund kann ersticken.

● **Behandlung**
Erste-Hilfe-Maßnahmen, → Seite 27. Dann sofort zum Tierarzt.
▶ Der Tierarzt stellt durch eine Röntgenaufnahme das Ausmaß der freien Luft im Brustraum (Pneumothorax) fest. Bei Einengung der Lunge auf unter ein Drittel des Normalvolumens muß die Luft abgesaugt werden. Dadurch dehnt sich die Lunge wieder aus.

Nachbehandlung: Für frische Luft, Ruhe und Wärme sorgen. Wenn nicht abgesaugt werden mußte, wird die freie Luft aus dem Brustraum innerhalb von 1 bis 2 Tagen wieder vom Körper aufgenommen. Entwickelt sich dabei Fieber, sind zur Vermeidung einer Rippenfellentzündung Antibiotika nötig.
Vorbeugung: Hunde, die sich nicht verkehrssicher verhalten, gehören an die Leine.

Zwerchfelldefekte und -risse

Symptome: Pumpende Atmung; verstärkte Ausatmung, wobei mit der Bauchdecke als Ersatz für das defekte Zwerchfell nachgepreßt wird; Atemnot, bläulich verfärbte Schleimhäute; gelegentlich Erbrechen, Hochrülpsen von Luft und Abmagern bei längerem Bestehen.
Ursachen: Zwerchfellriß durch Aufprall und Quetschung des Bauches bei einem Unfall. Zwerchfelldefekte können auch angeboren sein und über Jahre unentdeckt bleiben.
Folgen: Verlagerung von Bauchorganen (Magen, Darm, Milz, Leber) in die Brusthöhle, was die Atmung erheblich behindert und zum Ersticken führen kann.

● **Behandlung**
▶ Sofort zum Tierarzt. Anhand von Röntgenaufnahmen mit vorheriger Kontrastmitteleingabe lassen sich verlagerte Magen- und Darmabschnitte erkennen. Zwerchfellrisse und -defekte können nur operativ behoben werden; während der Operation muß künstlich beatmet werden, da die Brusthöhle bis zum Verschluß vom Bauch her offen ist.
Nachbehandlung: Antibiotika über 1 Woche beugen einer Bauchfellentzündung vor. Atmung und Kreislauf am besten über 2 bis 3 Tage stationär überwachen lassen.

Herzklappenfehler

Symptome: Gelegentlicher Husten, vor allem nach Anstrengung und Aufregung, Mattigkeit vorwiegend bei schwüler Hitze, Schweratmigkeit, der Bauch wird dicker (Hängebauch); Schwellungen (Ödeme) an Beinen, Unterbrust und Bauch; Ruhelosigkeit, vor allem nachts; gelegentliche Ohnmachtsanfälle.
Ursachen: Herzklappenfehler sind erworbene Herzinsuffizienzen (→ Angeborene Herzfehler, Seite 59). Sie kommen ab dem 5. Lebensjahr als Folge vieler Infektionen am Herzen vor. Es handelt sich meistens um undichte AV-Klappen (→ Fachbegriffe, Seite 114). Durch knotige Verhärtungen und Vernarbungen werden die Klappen undicht, so daß das Blut beim Zusammenziehen der Hauptkammer zurück in die Vorkammer zischt.
Folgen: Durch einen AV-Klappenfehler der linken Seite entsteht eine Linksherzschwäche (Insuffizienz) mit Lungenstau und eventuell Lungenödem (→ Seite 56). Bei einer Rechtsherzinsuffizienz kommt es zu einem Rückstau über die Hohlvene in den Bauchraum, was zur Vergrößerung der Leber und Milz und letztlich zur Bauchwassersucht führt. AV-Klappenfehler bewirken auch eine Vergrößerung des Herzens.

● Behandlung

▶ Herzfehler stellt der Tierarzt durch Abhören, Beurteilung des Pulses, mit Röntgenaufnahmen, eventuell auch mit einem Elektrokardiogramm (→ Fachbegriffe, Seite 115) fest. Herzklappenfehler beim Hund können nicht geheilt werden, da der Einsatz einer künstlichen Herzklappe viel zu aufwendig erscheint. Die Behandlung, die über Jahre erfolgreich sein kann, besteht lediglich in der Stärkung des Herzens mit Medikamenten, vor allem mit Digitalis, und der Beseitigung der Folgen. Bei Stauungen in Lunge und Bauchraum müssen zusätzlich entwässernde Mittel gegeben werden.

Nachbehandlung: Die Einnahme von Medikamenten ist meist lebenslang erforderlich. Sie können bequem in Tropfenform oder als kleine Tablette im Futter oder in einem Leckerbissen versteckt und dem Hund verabreicht werden.
Vorbeugung: Bei fiebrigen Infekten der Lunge nicht zu lange auf die Selbstheilungskräfte vertrauen, sondern rechtzeitig zum Tierarzt gehen. Für einen herzkranken Hund gilt: Aufregung, Anstrengung, Übergewicht und schwüle Hitze meiden.

■ Homöopathie

Dosierung → Seite 39.
Crataegus geben.
– Bei Neigung zu Ödemen und Herzmuskelschwäche mit Entzündung der Herzinnenhaut: Kalium carbonicum oder Convallaria majalis. Auch unterstützend bei tierärztlicher Behandlung mit dem Herzmittel Digitalis einzusetzen.

Rassenanfälligkeit: AV-Klappeninsuffizienz kommt bei allen Hunderassen im Alter recht häufig vor. Kleine bis mittelgroße Hunde wie Dackel, Schnauzer, Spitz und verschiedene Terrierarten scheinen jedoch stärker betroffen.

Angeborene Herzfehler

Eine Reihe angeborener Herzfehler sind insgesamt zwar sehr selten (nur etwa 5% aller Herzfehler), treten aber vorwiegend rassenspezifisch auf (→ rechts).

● Behandlung

– Bei Aorten- und Pulmonal-Stenose helfen in der Regel herzstärkende Medikamente (z.B. Digitalis).
– Persistierender Ductus Botalli und rechter Aorten-Bogen können durch eine Operation behoben werden, die allerdings recht aufwendig ist;
– Septum-Defekte können nur durch eine Operation am offenen Herzen versorgt werden, was den Einsatz einer Herzlungenmaschine erfordert und deshalb auf Versuche beschränkt bleibt.
– Herzbasis-Tumoren sind in der Regel nicht operabel.

Angeborene Herzfehler

• Aorten-Stenose: Verengung der Hauptschlagader am Herzen führt zur Erweiterung des linken Herzens. Kommt überwiegend beim Boxer vor.
• Pulmonal-Stenose: Verengung der Lungenarterie am Herzen führt zur Erweiterung der rechten Herzhälfte. Kommt bei Boxer, Englischer Bulldogge, Beagle, Foxterrier und Chihuahua vor.
• Persistierender (fortdauernder) Ductus Botalli: Verbindung zwischen Hauptschlagader und Lungenarterie unmittelbar hinter dem Herzen, wodurch sauerstoffreiches und -armes Blut vermischt wird.
• Persistierender rechter Aorten-Bogen: Gefäßmißbildung, welche die Speiseröhre einengt. Tritt häufig zusammen mit Ductus Botalli auf. Vorwiegend bei Pudel, Collie, Schäferhund und Labrador.
• Septum-Defekte: Öffnungen in der Trennwand zwischen linker Vor- und Hauptkammer, wodurch sich sauerstoffreiches und -armes Blut mischt. Bei bestimmten Linien verschiedener Rassen, z.B. Mastino neapolitano.
• Herzbasis-Tumoren: Wucherungen am Herz. Bevorzugt bei kurzschnauzigen Rassen wie z.B. Boxer oder Boston-Terrier ab 5 bis 6 Jahren.

Herzinnenhaut-, Herzmuskel-, Herzbeutelentzündung

Symptome: Wie bei Herzklappenfehlern (→ Seite 58), zusätzlich hohes Fieber.
Ursache: Meist durch bakterielle Entzündung entstandene Infektion an Herzklappenmuskel oder -beutel.
Folgen:
– Herzinnenhautentzündung führt zu Vernarbungen, vor allem im Bereich der Herzklappen, was eine Herzinsuffizienz zur Folge hat (→ Seite 58).
– Herzmuskelentzündung führt, wenn sie nicht akut tödlich verläuft, zu bleibenden Herzmuskelschäden mit Herzrhythmusstörungen.
– Herzbeutelentzündung ist häufig das Resultat chronischer Infektionen mit Brustfellentzündung. Der Herzbeutel füllt sich mit Flüssigkeit, verhärtet und behindert dadurch die Herzaktion.

● **Behandlung**

▸ Der Tierarzt stellt anhand von Röntgenaufnahmen, EKG (Elektrokardiogramm, → Fachbegriffe, Seite 115), eventuell durch Punktion des Herzbeutels und eventuell mit Hilfe von Ultraschall (→ Fachbegriffe, Seite 119) die genaue Diagnose. Es muß vor allem die auslösende Grundkrankheit behandelt werden.

Nachbehandlung: Klappenfehler, Herzmuskelschäden und Herzbeutelverhärtungen sind bleibende organische Schäden, die meist lebenslang mit herzstützenden und gegebenenfalls entwässernden Medikamenten behandelt werden müssen.
Vorbeugung: → Herzklappenfehler, Seite 58.

■ **Homöopathie**

→ Herzklappenfehler, Seite 58.

Thrombose, Arteriosklerose

Erkrankungen der Blut- und Lymphgefäße spielen beim Hund nur eine untergeordnete Rolle. Sie sind aber auch sehr schwer zu diagnostizieren, denn der Hund kann uns seine Beschwerden kaum vermitteln. Die Beobachtung von Symptomen ist folglich besonders wichtig.
Symptome: Schmerzempfindung in der betroffenen Region, Blässe und Kälte durch mangelnde Durchblutung, Gefühllosigkeit, Lähmungserscheinungen.
Diese Symptome zeigen sich auch bei Strangulation durch zu engen Verband oder beim Abbinden von Gliedmaßen.
Schwindel, Taumeln, abwesender Blick, abnormes Verhalten wie »in der Ecke stehenbleiben« oder »das Futter nicht finden« weisen auf mangelnde Durchblutung im Gehirn hin.

Ursachen:
– Thrombose: Verstopfung von Arterien durch Blutgerinnsel, Fett- oder Bindegewebszellen (Fettembolie), Enzündungszellen oder Fremdkörper, z.B. Parasitenlarven.
– Arteriosklerose: Die sogenannte Arterienverkalkung, die sich vor allem beim älteren Hund zeigt, wird durch erhöhten Cholesterinspiegel und gestörten Fettstoffwechsel sowie Schilddrüsenunterfunktion (→ Seite 85) begünstigt. Es kommt zu krankhafter Verhärtung, Elastizitätsverlust und Verengung von Arterien.
Folgen: Der Bereich, der durch das verstopfte Gefäß versorgt werden soll, verliert seine Funktionsfähigkeit und droht abzusterben. Die Ausfallerscheinungen können sehr unterschiedlich sein.
– Eine Thrombose oder Embolie von Herzkranzgefäßen hat einen Herzinfarkt zur Folge mit stechendem Schmerz in der Herzgegend, Atemnot, jagendem Puls, Ohnmacht, plötzlichem Tod. – Bei einer Thrombose der hinteren Hauptschlagader kommt es zu Lähmungserscheinungen der Hinterhand, die meist als Bandscheibenproblem fehlinterpretiert wird (→ Seite 94).

● **Behandlung**

▸ Durch den Tierarzt. Im Vordergrund steht eine Verdünnung des Bluts durch eine Infusionstherapie (→ Fachbegriffe, Seite 116). Zur Auflösung

Kleine Hunderassen wie Dackel sind anfällig für Thrombose und Arteriosklerose. Genügend Auslauf und eine gesunde Ernährung halten sie fit.

von Thromben können blutgerinnungshemmende Mittel unter strenger Kontrolle eingesetzt werden.
Bei Durchblutungsstörungen an Gliedmaßen können Sie Ihrem Hund durch Massagen, Wechselbäder mit kaltem und warmem Wasser und durchblutungsfördernde Einreibungen, z.B. mit Franzbranntwein, helfen.

Nachbehandlung: Durchblutungsfördernde Mittel für das Gehirn, fettarme Diät (→ Seite 24 und 25) und eventuell auch herzstärkende Medikamente.
Vorbeugung: Ausgewogene Ernährung mit reduziertem Fettgehalt. Übergewicht vermeiden, für genügend Bewegung durch ausgiebige Spaziergänge sorgen.

■ **Homöopathie**
Dosierung → Seite 39.
Conium maculatum.

Rassenanfälligkeit: Vor allem Rüden von Zwergrassen, Schnauzer, Dobermannpinscher oder Dackel sind anfällig.

Anämie

Unter Anämie versteht man die Verminderung der roten Blutkörperchen oder des in ihnen enthaltenen Blutfarbstoffs (Hämoglobin).
Symptome: Blasse bis weiße Schleimhäute (Bindehaut am Auge oder an Lefzeninnenseite), beschleunigter Puls, rasche Ermüdbarkeit, kalte Gliedmaßen, Teilnahmslosigkeit, Taumeln, Zusammenbrechen. Je nach Ursache und Grundkrankheit kann auch blutiger Durchfall, Blutungen der Mundschleimhaut, gelbliche Verfärbung der Schleimhäute, Fieber und dunkler Urin auftreten.
Ursachen: Blutverlust bei Verletzungen oder Gerinnungsstörungen; vermehrter Abbau roter Blutkörperchen durch Infektionen, Parasiten, Vergiftungen und Autoimmunkrankheiten (→ Seite 84 und 95); mangelnder Nachschub roter Blutkörperchen durch Eisenmangel, schweren Leber- und Nierenschaden oder Knochenmarksschädigung (durch Tumoren, Hormone und Medikamente).
Folgen: Versorgung mit Sauerstoff ist gefährdet, der Hund droht zu ersticken.

Blut ist ein ganz besonderer Saft

Ohne den Lebenssaft Blut würde die Versorgung des Körpers mit allen lebenswichtigen Stoffen nicht funktionieren. Blut besteht aus flüssigen und festen Bestandteilen, dem Serum und den Blutkörperchen. Im Serum sind Eiweißstoffe (Albumine und Globuline) enthalten. Die Albumine dienen vorwiegend der Eiweißversorgung und Ernährung, die Globuline spielen eine wichtige Rolle bei der Abwehr von Infektionen. Die roten Blutkörperchen (Erythozyten) sind für den Transport des Sauerstoffs im Blut zuständig, die weißen Blutkörperchen (Leukozyten) für die Abwehr von Krankheitserregern. Dieses ausgeklügelte System kann durch Krankheiten erheblich gestört werden, und das hat verständlicherweise schwerwiegende Folgen.

● **Behandlung**
Bei akuter Blutung durch eine Verletzung müssen Sie als Erste-Hilfe-Maßnahme einen Druckverband anlegen oder die betroffenen Gliedmaßen abbinden (→ Seite 26), um einen zu großen Blutverlust zu verhindern.
▶ Danach sofort den Tierarzt aufsuchen. Die wichtigste Notversorgung bei starkem Blutverlust ist eine Infusion in die Venen. Eventuell wird auch eine Transfusion nötig. Als Blutspender kommen dafür andere Hunde in Frage, deren Blut vorher getestet werden muß. Die genaue Diagnose chronischer Anämien ist nur durch spezielle Blutuntersuchungen möglich. Die Behandlung richtet sich nach der Grundkrankheit.

Nachbehandlung und Vorbeugung: Ausgewogene, eisenhaltige Ernährung (Eisen ist z.B. in Gemüse, Innereien und Muskelfleisch enthalten), eventuell mit Eisenzusatz in Tablettenform. Zuchtausschluß von erbkranken Tieren.
Rassenanfälligkeit: Relativ selten wird bei Zwerg- und Dobermannpinscher, Scotchterrier, Golden Retriever und Deutschem Schäferhund eine Art Bluterkrankheit beobachtet, die – wie beim Menschen – nur bei männlichen Nachkommen auftritt, aber durch die Hündin vererbt wird.

Leukosen, Redikulosen

Dahinter verbirgt sich eine ganze Reihe von Erkrankungen, die man auch unter dem Begriff »Blutkrebs« zusammenfaßt. Sie können – wie beim Menschen die Leukämie – zu schweren allgemeinen Symptomen führen, mit tumorigen Wucherungen den ganzen Körper bedecken und auch innere Organe und das Skelettsystem befallen.
Symptome: Je nach Art der Geschwülste, der bevorzugten Organe und der Ausbreitung sehr vielfältig. Bei den häufigsten »Blutkrebs«-Arten:
– Bei Mastzellentumoren: Haarlose, speckig glänzende,

leicht rötliche bis kirschgroße Knoten am Kopf und in der Anal- und Genitalregion.
– Bei lymphatischer Leukose: Enorme Schwellung der Körperlymphknoten, vor allem an der Kehle. Durch Verbreitung der Tumoren in innere Organe (Metastasen, → Fachbegriffe, Seite 117) werden Lunge, Darm, Leber oder Milz mitbefallen, was zu Apathie, schlechtem Appetit, Abmagerung, Blutarmut, Gelbsucht, Blutungen in den Schleimhäuten (Lefzen), Erbrechen, Durchfall und totaler Hinfälligkeit führt.
Ursachen: »Blutkrebs« entsteht durch eine Entartung und Wucherung des blutbildenden Gewebes in den Lymphknoten (lymphatische Leukose) sowie im Knochenmark (myeloische Leukosen), aber auch im übrigen Gewebe, da Blut- und Lymphsystem den ganzen Körper und die inneren Organe durchsetzt.
Folgen: »Blutkrebs«-Erkrankungen entwickeln sich meist bösartig und sind in der Regel unheilbar.

● Behandlung

▶ Nur durch den Tierarzt.
– Bei Mastzellentumoren kann nur durch rechtzeitige Operation eine Bildung von Metastasen verhindert werden.
– Eine lymphatische Leukose scheint nur im Anfangsstadium mit Kortison und einem Zytostatikum (→ Fachbegriffe, Seite 119) behandelbar. Nur gelegentlich gelingt es, die Krankheit ganz auszuheilen.
– Alle anderen »Blutkrebs«-Arten sind beim Hund viel seltener als beim Menschen und scheinen bisher vor allem im fortgeschrittenen Stadium unheilbar.

Nachbehandlung: Bei erfolgreicher Behandlung einer lymphatischen Leukose sind regelmäßige Nachkontrollen alle 1 bis 3 Monate nötig.
Rassenanfälligkeit: Mastzellentumoren kommen besonders oft beim Boxer vor.

Milztumoren

Symptome: Apathie, Blutarmut (blasse Schleimhäute), Umfangsvermehrung des Bauches, leichtes Fieber. Der Bauch ist meist etwas verspannt und schmerzhaft.
Ursachen: Milztumoren entstehen am häufigsten durch Blutgefäßwucherungen. Eine plötzliche Umfangsvermehrung des Bauches weist auf Blutungen aus einem Tumor hin.
Folgen: Milztumoren sind meist bösartig und neigen zu 70% zu Metastasenbildung in Leber, Lunge, Herz und Nieren. Bei innerlichen Blutungen aus einem Tumor kann der Hund verbluten.

● Behandlung

▶ Nur durch den Tierarzt möglich. Durch Blutuntersuchungen, Röntgenaufnahmen von Bauch und Lunge, eventuell Punktion der Bauchhöhle, läßt sich die Diagnose stellen. Wenn noch keine Lungenmetastasen vorhanden sind, kann die Milz im ganzen entfernt werden, da Knochenmark, Leber und Lymphsystem ihre Funktion übernehmen.
Bei Milzriß, gutartiger Milzwucherung und Milzdrehung (nur bei großen Hunden) bestehen nach der Milzentfernung gute Heilungsaussichten. Schon während der Operation sind Infusionen, eventuell sogar eine Transfusion (→ Fachbegrife, Seite 119) angezeigt.

Nachbehandlung: Antibiotika über 1 Woche, um Bauchfellentzündungen zu vermeiden.
Vorbeugung: Bei der Entfernung bösartiger Tumoren empfehlen sich regelmäßige Nachkontrollen alle 1 bis 3 Monate.

Die Milz – ein wichtiges Organ

Die Milz ist neben dem Knochenmark das wichtigste blutbildende Organ und hat, außer der Funktion als Blutspeicher (10% des Blutes), viele Aufgaben bei der Filterung, Reinigung und Regeneration des Blutes. Dadurch ist sie für Krebserkrankungen besonders anfällig.

Erkrankungen des Harnapparates und der Geschlechtsorgane

Sie gehen spazieren und der Hund hebt an jedem Baum das Bein. Was Sie vielleicht nervt, ist für den Hund wie »Briefe schreiben« an seine Artgenossen. Der Harn, den er ausscheidet, wurde von den Nieren abgesondert, mit deren Hilfe viele schädliche Stoffe aus dem Blut gefiltert werden. Über die Harnleiter sammelt sich der Urin in der Blase und wird über die Harnröhre ausgeschieden. An dieses Harnsystem sind die Geschlechtsorgane angeschlossen.

Akute Harnröhren- und Blasenentzündung

Symptome: Blutiger trüber Urin, zum Teil mit Beimengungen von Schleim, gelegentlich auch Harngrieß und Blutgerinnsel, Entleerungsdrang, häufiges Urinieren, manchmal verbunden mit Schmerzreaktionen, aber auch vergebliches Beinheben mit keinem oder nur tröpfelndem Urin.
Ursachen: Meist aufsteigende Infektionen der Harnwege, hervorgerufen durch Bakterien. Die Hündin scheint durch ihre kürzere Harnröhre für Blasenentzündungen wie geschaffen. Aber auch bei älteren Rüden, die in der Regel eine vergrößerte und ständig entzündete Prostata haben, kommt es zu chronischen Blasen-Nieren-Problemen (→ Seite 66).

● **Behandlung**

Für genügend Flüssigkeitsaufnahme sorgen (Durchspülungseffekt), Konzentrate von Blasen- und Nierentee (aus der Apotheke) ins Trinkwasser des Hundes geben oder besser noch in Pulverform ins Futter mischen.

▶ Tritt keine Besserung ein, den Tierarzt aufsuchen. Durch eine Harnuntersuchung stellt er die Diagnose. Gegen die meist durch Bakterien hervorgerufene Blasenentzündung helfen Antibiotika und Sulfonamide (→ Fachbegriffe, Seite 114 und 119).

Nachbehandlung: Über 1 bis 2 Wochen Antibiotika, Blasen-Nieren-Tee und Salz ins Futter, um den Durst zu erhöhen.
Vorbeugung: Liegen auf kaltem Boden und ständiges Ins-Wasser-Gehen des Hundes vermeiden, da beides Erkältungen fördert.

■ **Homöopathie**

Dosierung → Seite 39.
Solidago.
– Urin gelb, trüb, flockig: Berberis.
– Harnträufeln, häufiger Harnabsatz: Cantharis.

Harnröhren-, Blasen-, Nierensteine

Symptome: Blutiger Urin, zum Teil mit grießiger Beimengung, ständiger Harndrang, Harnträufeln, aber auch Harnverhalten.
Ursachen: Durch Entzündungen der Blase entstehen grießige, später bis zu pflaumengroße Steine, die die Blasenwand reizen und zu ständigen Blasenblutungen führen. Vor allem bei Rüden verursachen kleinere Blasensteinchen in der Harnröhre Probleme beim Harnausscheiden.

● **Behandlung**

▶ Den Tierarzt aufsuchen. Zur genauen Diagnose sind Röntgenaufnahmen mit Luftfüllung der Blase nötig. Kleinere Blasen- und Harnröhrensteine lassen sich durch eine Blasenspülung oder mit Hilfe eines Schlingenkatheters entfernen. Bei vollständiger Harnsperre muß sofort operiert werden, da die Blase sonst platzen könnte. Größere Blasen- und Nierensteine müssen ebenfalls operiert werden. Durch eine operativ angelegte »obere Fistel« läßt sich beim Rüden eine größere Öffnung der Harnröhre unterhalb des Afters schaffen, über die auch größere Blasensteine abgehen oder mit Spezialinstrumenten entfernt werden können (Lithotripsie, → Fachbegriffe, Seite 117).

Nachbehandlung: Antibiotika, bis der Urinbefund wieder normal ist; bei älteren Hunden kann dies 3 bis 4 Wochen dauern. Zusätzlich spezielle Harnstein-Diät füttern (als Fertigfutter beim Tierarzt erhältlich). Mit Zufüttern von Salz (1 bis 5 g pro Tag) dafür sorgen, daß der Hund genügend Flüssigkeit aufnimmt.
Vorbeugung: Gegen die Neubildung von Steinen gibt es für fast alle Steinarten spezielle Medikamente und Diäten, die Ihnen der Tierarzt mitgeben oder verschreiben wird.
Rassenanfälligkeit: Anfällig für bestimmte Harnsteinbildung sind Dalmatiner, Dackel, Pudel, Deutscher Schäferhund, Boxer, Mops sowie Irish- und Cairnterrier.

Harnabsatzstörungen

Symptome: Unkontrolliertes Verlieren von Urin (Inkontinenz), Harnträufeln oder Harnverhalten.
Ursachen: Blasenüberfüllung (Überlaufblase), nervlich bedingte Probleme nach Bandscheibenvorfällen oder Vernarbungen und Mißbildungen; Verhaltensstörungen und Schließmuskelschwäche in Streßsituationen. Am häufigsten ist Inkontinenz hormonell bedingt, vor allem bei älteren, kastrierten Hündinnen, aber auch bei kastrierten Rüden.

● Behandlung

▶ Zum Tierarzt gehen. Bei hormoneller Ursache erhalten Hündinnen niedrig dosierte Östrogene (weibliche Geschlechtshormone), Rüden Androgene (männliche Geschlechtshormone). Zusätzlich kann Ephedrin gegeben werden, um die Reizbereitschaft des Blasenschließmuskels zu erhöhen.

■ Homöopathie

Dosierung → Seite 39.
Dulcamara, Petroselinum, Uva ursi, Solidago und Natrium chloratum gemeinsam eingeben.

Rassenanfälligkeit: Der überwiegend hormonell bedingte unkontrollierte Harnabsatz der älteren, früh kastrierten Hündin kommt vor allem bei großen Rassen wie Dogge, Dobermann, Boxer, Deutscher Schäferhund und Bobtail vor.

Junge Hunde verlieren bei Aufregung häufig unkontrolliert Harn. Das ist normal und legt sich mit zunehmendem Alter.

Akuter Nierenschaden

Symptome: Verminderter oder fehlender Harnabsatz, gefolgt von vermehrtem Durst, meist dunkler oder sogar blutiger Urin, Schmerzhaftigkeit in der Lendengegend und verspannter Bauch. Nur bei Entzündungen gelegentlich Fieber. Erbrechen auch auf leeren Magen, säuerlicher Geruch aus dem Maul. Apathisches Verhalten, Verweigerung des Futters.
Ursachen: Ein akuter Nierenschaden (Insuffizienz) kann verursacht werden durch
– Unfallschock mit hohem Blutverlust.
– Massives Erbrechen und Durchfall.
– Schwere Bauchhöhlenerkrankungen, z.B. Bauchfellentzündung oder Gebärmuttervereiterung.
– Vergiftungen mit Schwermetallen (Quecksilber, Blei, Arsen, Kadmium und Thallium, das vor allem in Rattengift enthalten ist) oder mit Frostschutzmitteln (Glykol).
– Harnstau durch Harnröhren- und Blasensteine sowie Harnröhrenverletzungen und Blasenriß.
Folgen: Akutes Nierenversagen kann tödlich verlaufen.

● Behandlung

▶ Sofort zum Tierarzt. Akutes Nierenversagen ist ein Notfall und muß stationär behandelt werden. Der Hund bekommt als erste Notversorgung Infusionen und zusätzlich harntreibende Mittel, um die Nieren wieder in Gang zu bringen. Im zweiten Schritt muß die Ursache herausgefunden und behandelt werden.

Nachbehandlung: Ausheilung der Grundkrankheit, z.B. bakterielle Nierenbeckenentzündung, durch eine Antibiotikatherapie über einige Wochen. Dazu konsequente Nieren-Diät (→ Seite 25).
Vorbeugung: Da sich vor allem beim älteren Hund ein akuter Nierenschaden zu einem chronischen Nierenversagen auswachsen kann, sollten Erkältungen durch Liegen auf kaltem Boden vermieden werden.

■ Homöopathie

Dosierung → Seite 39.
Apis; Berberis; Solidago; Veratrum; Juniperus communis; Galium album; Phosphorus.

Chronischer Nierenschaden

Symptome: Vermehrter Durst und Harnabsatz, Erbrechen (auch von Blut), oft dunkler weicher Stuhlgang, Abmagerung, struppiges Fell, urinartiger Mundgeruch, Apathie, Untertemperatur, Benommenheit, aber auch erhöhte Erregbarkeit.
Ursachen: Viele vorausgegangene Schädigungen des Nierengewebes durch Entzündungen, Infektionen wie z.B. Leptospirose (→ Seite 100) und mehrere andere Erkrankungen führen zu chronischer Niereninsuffizienz (Nierenerkrankungen, →Seite 67).
Folgen: Harnvergiftung (Urämie); Entkalkung der Knochen (durch erhöhten Phosphorgehalt im Blut und dadurch bedingtem Kalziumabbau) bis hin zur Knochenerweichung (Osteorenales Syndrom).

● Behandlung

▶ Sofort den Tierarzt aufsuchen. Genaue Diagnose duch Blutuntersuchungen auf Harnstoff, Kreatinin und Phosphor. Infusionen mit speziellen Zusätzen wie Kochsalz und Diuretika (harntreibende Medikamente) können die Nierenausscheidung wieder anregen. Tabletten oder Flüssigkeiten, die Aluminiumhydroxid enthalten, binden Phosphor. Wesentlich für die Erhaltung der Nierenfunktion ist eine entsprechende Nieren-Diät (→ Seite 24). In akuten Fällen Entgiftung des Körpers mittels Bauchhöhlenspülungen.

Nachbehandlung: Lebenslange Nieren-Diät. Für genügend Flüssigkeitszufuhr sorgen; verdünnte Milch zu trinken geben, Futter salzen (1 bis 5 g pro Tag); Konzentrate von Blasen-Nieren-Tee ins Trinkwasser oder als Pulver ins Futter geben.

■ Homöopathie

→ Akuter Nierenschaden, Seite 66.

Nierenerkrankungen

Folgende Nierenerkrankungen führen zu chronischem Nierenschaden.

- Entzündungen des Nierenkörperchen-Gewebes (Glomerulonephritis): Funktionseinschränkung der Niere mit Ausscheidung wichtiger Eiweißsubstanzen.
- Nierenbeckenentzündung (Pyelonephritis): Bakteriell verursachte Entzündung des Nierenzwischengewebes und des Nierenbeckens.
- Hochentzündliche Erkrankung des Nierengewebes (Nierenamyloidose): Ablagerung von faserigen Eiweißkörpern in den Nierenkörperchen. Vermutlich durch Autoimmunvorgänge (→ Seite 84 und 95) mitbedingt.
- Zystennieren: Angeborene Mißbildung im Nierengewebe, die das Abfließen des Urins verhindern und zu bläschenartigen Hohlräumen führen.
- Rückstau von Urin im Nierenbecken (Hydronephrose): Durch Mißbildung oder Abflußbehinderung (Tumoren, Harnsteine) bedingte Ausweitung des Nierenbeckens und Verkümmerung von Nierengewebe durch Urindruck.
- Nierentumoren: Zerstören das Nierengewebe und neigen zur Bildung von Metastasen (→ Fachbegriffe, Seite 117) in anderen Organen.

Erkrankung der Vorsteherdrüse

Symptome: Beschwerden beim Kotabsatz; häufiger Kotdrang; gelegentlich blutig-eitrige Urinbeimengungen, aber auch Fieber und akuter schmerzhafter Bauch.
Ursachen: Einengung des Enddarms durch eine Vergrößerung der Vorsteherdrüse (Prostata), wovon Rüden im höheren Lebensalter (ab 7 Jahren) häufig betroffen sind. Ein übersteigerter Geschlechtstrieb (→ Seite 69) begünstigt die Erkrankung. Häufig besteht neben der Vergrößerung auch eine Entzündung des Drüsengewebes.
Folgen: Eine vergrößerte Prostata kann zu chronischen Blasen-Nieren-Entzündungen und zur Bildung von Abszessen und Zysten führen. Durch das Pressen beim Kotabsatz entsteht mitunter ein Dammbruch (→ Eingeweidebruch, Seite 49).

● Behandlung

Die Beschwerden beim Kotabsatz zunächst durch leicht verdauliche Kost (→ Diäten, Seite 24 und 25) lindern.
▶ Bei Fieber den Tierarzt aufsuchen. Die normalerweise walnußgroße Vorsteherdrüse kann größer als ein Apfel werden. Behandlung mit weiblichen Hormonen führt nur zur vorübergehenden Verkleinerung. Als Dauerlösung ist die Kastration (→ Fachbegriffe, Seite 117) zu empfehlen. Bei eitriger Entzündung schmerzstillende Mittel und Antibiotika. Bei Abszeß- oder Zystenbildung hilft meist nur eine Operation.

Nachbehandlung: Um eine zusätzliche Infektion der Nieren zu verhindern, ist die meist gleichzeitig auftretende Blasenentzündung mit Antibiotika über 2 bis 3 Wochen zu behandeln.
Vorbeugung: Die Kastration des älteren Rüden, durch die sich die Prostata verkleinert, ist die beste Vorbeugemaßnahme. Die Hunde werden danach nicht träge, faul oder inaktiv, wie fälschlicherweise angenommen wird, jedoch verfressener. Achten Sie darauf, daß Ihr kastrierter Hund kein Übergewicht bekommt, denn nur das macht ihn träge. Geben Sie ihm notfalls nur ein Drittel oder die Hälfte der bisherigen Futterration (→ Abmagerungs-Diät, Seite 25).

■ Homöopathie

Dosierung → Seite 39.
– Bei Schwellung der Vorsteherdrüse: Magnesium carbonicum; Magnesium chloratium; Magnesium phosphoricum; Thuja; Sabal serrulatum.
– Bei Entzündung: Pulsatilla; Thuja; Bryonia.
– Kommt eine Wirbelsäulenerkrankung im Lenden- und Kreuzbeinbereich dazu: Colocynthis.

3

Hodenentzündung

Symptome: Schwellung und Rötung eines oder beider Hoden, Schmerzen beim Abtasten, gelegentlich Fieber und Futterverweigerung. Steifer Gang mit leicht gespreizten Hinterbeinen.
Ursachen: Prellungen, Quetschungen nach Beißereien oder nach einem Unfall. Infektion, die durch Bakterien ausgelöst wird.
Folgen: Eitrige Abszeßbildung am Hoden.

● Behandlung

Akute Entzündungen des Hodensackes sollten Sie mit lauwarmen Kamillenbädern und Auftragen einer Zinksalbe, die Sie beim Tierarzt oder in der Apotheke erhalten, behandeln.
▶ Bei eitrigen Infektionen den Tierarzt aufsuchen. Er verschreibt Antibiotika in Form von Tabletten, die über 1 Woche gegeben werden.

Nachbehandlung: 2- bis 3mal täglich Kamillenbäder und anschließendes Auftragen von Zinksalbe, bis die Entzündung abgeklungen ist. Das Anlegen einer Halskrause (→ Seite 22) ist unbedingt notwendig, da die Wunde durch das Schlecken sonst nicht heilt.

■ Homöopathie

Dosierung → Seite 39.
Bei Hodenekzem: Croton.

Hodentumoren

Symptome: Einseitig vergrößerte Hoden sind beim älteren Rüden (nach dem 6. Lebensjahr) durchaus normal. Wenn innerhalb kurzer Zeit ein oder auch beide Hoden stark anschwellen, gilt das als Warnsignal. Haarausfall und Juckreiz am ganzen Körper, vergrößerte Zitzen und Verweiblichung sind Hinweise auf einen Hodentumor im Bauch.
Ursachen und Folgen: Tumoren entstehen vorwiegend an fehlentwickelten Hoden. Im Verlauf der Entwicklung der männlichen Welpen wandern die Hoden normalerweise aus der Bauchhöhle in den Hodensack. Beide oder auch nur einer können aufgrund vererbter Entwicklungsstörungen in der Bauchhöhle oder in der Leistengegend liegenbleiben. Ab dem Alter von 5 bis 7 Jahren fangen diese zu wuchern an und produzieren vorwiegend weibliche Hormone.
Tumoren an den normal liegenden Hoden haben meist Prostataprobleme zur Folge.

● Behandlung

▶ Den Tierarzt aufsuchen. Beide Tumorsorten sollten baldmöglichst operativ entfernt werden, da gelegentlich auch bösartige Krebsgeschwüre vorkommen.

Vorbeugung: Fehlgelagerte Hoden ab dem 5. Lebensjahr herausoperieren lassen, bevor sie entarten können.

Übertriebenes Harnmarkieren und Streunen kann Zeichen eines übersteigerten Geschlechtstriebes sein.

Übersteigerter Geschlechtstrieb

Symptome: Aggressivität, Deckversuche an Personen und Polstern (Hypersexualität), übertriebenes Harnmarkieren und Streunen.
Ursachen: Überproduktion von männlichen Hormonen, durch Hodentumoren (→ Seite 68) begünstigt.
Folgen: Vorhautentzündung und Erkrankung der Vorsteherdrüse (→ Seite 67), vor allem im Alter.

● **Behandlung**

▶ Der Tierarzt wird versuchen, mit der Verabreichung von weiblichen Hormonen den Geschlechtstrieb des Rüden vor allem in der Zeit der Läufigkeit benachbarter Hündinnen einzuschränken. Als Dauerlösung empfiehlt sich aber die Kastration (Fachbegriffe, Seite 117).

Deck- und Zeugungsunfähigkeit

Symptome: Vergebliche Deckversuche, frühzeitige Erschöpfung nach wiederholten Ansätzen zum Deckakt.
Ursachen: Unterernährung, aber auch extremes Übergewicht, Kreislaufprobleme, Hinterhandschwäche, hormonelle Störungen, Erkrankungen der Geschlechtsorgane, aber auch psychische Ursachen wie Unerfahrenheit des Rüden oder Irritation in einer fremden Umgebung.

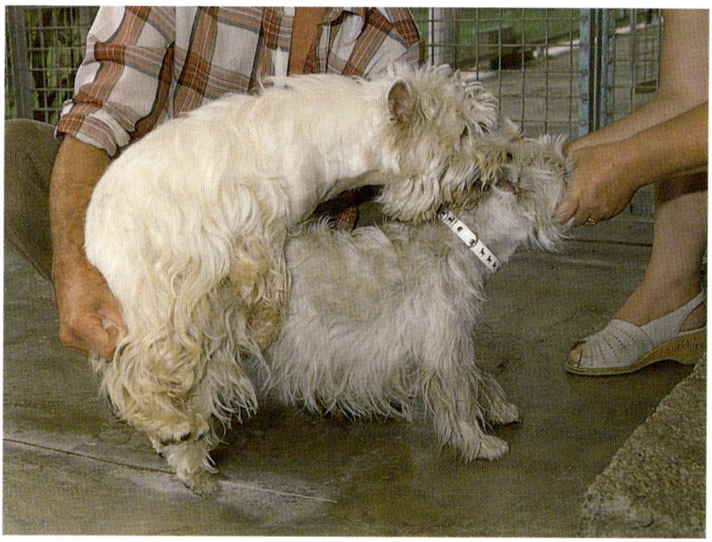

Junge, unerfahrene Rüden haben oft Schwierigkeiten beim Deckakt. Notfalls muß etwas nachgeholfen werden.

● **Behandlung**

Eine ausgewogene Ernährung (→ Seite 12 bis 15) ist auf jeden Fall zu empfehlen. Einen nervösen Rüden müssen Sie langsam an die neue Umgebung gewöhnen und notfalls beim Einführen des Penis in die Scheide nachhelfen.

▶ Bei Unfruchtbarkeit führt der Tierarzt eine Samenuntersuchung durch. Dabei wird die Anzahl der Samenzellen, ihre Intaktheit und ihre Beweglichkeit beurteilt. Entzündungen, Infektionen oder fehlgelagerte Hoden (→ Hodentumoren, Seite 68) können Ursache sein.
Bei Hodenentzündungen kann eine Behandlung mit Antibiotika durchaus erfolgreich sein. Hormonbehandlungen scheinen dagegen nur bei jungen Rüden erfolgversprechend.

Rassenanfälligkeit: Bei einigen englischen Zuchtlinien von Pit-Bullterriern attackieren einzelne Rüden die Hündin, anstatt sie zu decken. Der Aggressionstrieb scheint hierbei stärker als der Trieb zur Arterhaltung. Die Hunde schließen sich quasi selbst von der Zucht aus.

Scheidenentzündung

Symptome: Eitriger, zum Teil blutiger Ausfluß; häufiges Belecken der Scheide; vergrößerte, verschwollene äußere Scheide, gelegentlich vorgestülpte Schleimhaut (Scheidenvorfall); Rutschen auf dem Gesäß, sogenanntes »Schlittenfahren« (→ Fachbegriffe, Seite 118).
Ursachen: Scheidenentzündung (Vaginitis) durch Infektion mit Bakterien, mitunter schon bei jungen Hündinnen vor der ersten Läufigkeit. Übertragung von Schmutzkeimen beim Deckakt. Scheidenvorfall vor allem bei großen Hündinnen in der Läufigkeit. Tumoren der Scheide.
Folgen: Eine starke Scheidenentzündung kann eine Erkrankung der Gebärmutter nach sich ziehen (→ Seite 72).

● Behandlung

▶ Eine gründliche Untersuchung durch den Tierarzt ist ratsam. Er wird wiederholte Spülungen der Scheide im Abstand von 2 Tagen mit einem milden Desinfektionsmittel und unter Zuhilfenahme einer Sonde vornehmen. Bei eitrigem Ausfluß werden zusätzlich Antibiotika verabreicht, um die Keimverschmutzungen auszuheilen. Scheidenvorfall, Verletzungen und Tumoren müssen in der Regel operiert werden. Bei wiederholtem Scheidenvorfall empfiehlt sich die Kastration (→ Fachbegriffe, Seite 117).

Nachbehandlung: Reinigen Sie täglich 2- bis 3mal die äußere Scheide mit einem Wattebausch, den Sie mit Babyöl tränken, von Sekretspuren.
Rassenanfälligkeit: Scheidenvorfall kommt in der Läufigkeit vor allem bei großen Rassen wie Dogge, Bernhardiner und Berner Sennhund vor.

Entzündung des Gesäuges

Symptome: Blutig wäßriges Sekret, das auf Druck aus einer Brustdrüse austritt. Schmerzhafte Schwellung, vermehrte Wärme und Rötung einzelner Drüsen, Fieber.
Ursachen: Bakterielle Infektion einer meist vorgeschädigten Milchdrüse, z.B. durch Milchstau, Verletzung durch das Saugen.
Folgen: Abszeßbildung an der Milchdrüse.

● Behandlung

Bei einer leichten Gesäugeentzündung (Mastitis) können Sie kühlende bzw. durchblutungsfördernde Einreibungen mit Desinfektionsalkohol (50%ig) oder Kampfersalbe vornehmen.
▶ Tritt blutig-eitriges Sekret aus, müssen Sie zum Tierarzt. Es deutet auf eine bakterielle Gesäugeentzündung (Mastitis) hin, die mit Antibiotika behandelt wird. Pralle Abszesse müssen eventuell in Narkose eröffnet (gespalten) werden.

Nachbehandlung: Antibiotika grundsätzlich über 1 Woche geben. Nach der Abszeßspaltung 3 bis 4 Tage lang für Abfluß sorgen (Drainage, → Fachbegriffe, Seite 115), wobei die Wunde durch einen Verband abgedeckt werden sollte.
Vorbeugung: Kontrollieren Sie das Gesäuge der Hündin regelmäßig, da sich die Welpen bei einer eitrigen Entzündung anstecken können.

■ Homöopathie

Dosierung → Seite 39.
Apis; Belladonna; Aconitum (besonders im Anfangsstadium der Entzündung).
– Bei großem Durst: Bryonia.
– Bei gestörtem Allgemeinbfinden: Echinacea angustifolia.

Gesäugetumoren kommen vorwiegend in den hinteren Drüsenbereichen vor.

Gesäugetumoren

Symptome: Knotenbildungen am Gesäuge, zum Teil flächenhaft, gelegentlich mit wunder Oberfläche.
Ursachen: Etwa 50% aller Tumoren der Hündin gehen von der Milchdrüse aus. Vor allem die ältere Hündin (Durchschnittsalter 9 Jahre) neigt zu Gesäugetumoren (Mammatumoren). Durch wiederholte Trächtigkeiten und ständige Scheinschwangerschaften (→ Seite 72) entsteht ein erhöhtes Tumorrisiko. Auch regelmäßige Hormonspritzen zur Verhinderung der Läufigkeit steigern die Tumorbildung im Gesäuge, an den Eierstöcken und der Gebärmutter.

● Behandlung

▸ Ob Tumoren gut- oder bösartig sind, stellt der Tierarzt eventuell durch eine Gewebeentnahme fest. Kleine Knoten (unter 5 mm Durchmesser) werden zunächst beobachtet, größere Knoten operativ entfernt. Bei Verdacht auf Bösartigkeit muß das Gewebe großzügig, manchmal sogar das Gesäuge auf einer Seite ganz entfernt werden. Vor dieser aufwendigen Operation sollte immer durch eine Röntgenaufnahme geklärt werden, ob sich bereits Metastasen (→ Fachbegriffe, Seite 117) in der Lunge befinden. Wenn ja, ist eine Operation nicht sinnvoll.
Nachbehandlung: Anlegen eines Bauchverbandes, damit die Wunde heilen kann.

Vorbeugung gegen Gesäugetumoren

Bei Ihrer älteren Hündin sollten Sie regelmäßig beim Streicheln jede einzelne Brustdrüse und ihre Umgebung sorgfältig abtasten. So läßt sich rechtzeitig eine Geschwulst feststellen. Darüber hinaus sind 2mal jährlich Vorsorgeuntersuchungen zu empfehlen.
Frühzeitige Kastration der Hündin – am besten zwischen der ersten und der zweiten Läufigkeit – vermindert die Neigung zu Gesäugetumoren erheblich (zu 75%).

Ausbleiben der Läufigkeit

Symptome: Die Läufigkeit bleibt aus, ohne daß sich Zeichen einer Erkrankung zeigen.
Ursachen: Hormonelle Störungen, die meist von den Eierstöcken ausgehen. Kommt auch nach einer Hormonbehandlung zur Verhinderung der Läufigkeit vor.

● Behandlung

Wenn die Hündin keine Jungen haben soll, erübrigt sich eine Behandlung bei Ausbleiben der Läufigkeit (Anöstrie).
▸ Wird Nachwuchs gewünscht, führt der Tierarzt eine Hormonbehandlung durch, um die Produktion von Geschlechtshormonen anzuregen. Diese Behandlung sollte im Frühjahr oder Herbst (normaler Läufigkeitszeitpunkt) versucht werden. Sie führt zu 50- bis 60%igem Erfolg.

■ Homöopathie

Dosierung → Seite 39.
Aristolochia; Pulsatilla; Apis; Sepia. Können auch bei Hündinnen mit gesteigertem Geschlechtstrieb (Nymphomanie) eingesetzt werden.

Verlängerte Läufigkeit

Symptome: Ausfluß, geschwollene Scheide, Haarausfall, mattes, struppiges Fell, Juckreiz.
Ursachen: Hormonelle Störungen, die von den Eierstöcken oder der Hirnanhangsdrüse ausgehen. Übermäßige Sekretbildung in der Gebärmutter durch fortlaufende Hormonproduktion von Eierstockzysten bzw. -tumoren oder durch wiederholte Behandlung mit Hormonen zur Verhinderung der Trächtigkeit.
Folgen: Gebärmutterentzündung oder -vereiterung (→ Seite 72).

● Behandlung

▸ Nur der Tierarzt kann feststellen, ob es sich um eine verlängerte Läufigkeit oder bereits um eine Gebärmutterentzündung (Endometritis) handelt. Hormonbehandlungen, die die Blutungen bremsen, können eine Endometritis hervorrufen. Am besten ist die Kastration.

Gebärmutterentzündung und -vereiterung

Symptome: Eitriger, übelriechender Scheidenausfluß (nicht immer); vermehrter Durst, meist 6 bis 10 Wochen nach einer Läufigkeit gelegentlich apathisches Verhalten, Fieber, schlechter Appetit, Erbrechen, Schwäche der hinteren Beine; langsame Verdickung des Bauchs.
Ursachen: Hormonelle Störungen und Hormonbehandlungen, die die Läufigkeit und Trächtigkeit verhindern bewirken eine Entzündung (Endometritis) und Vereiterung (Pyometra) der Gebärmutter.
Folgen: Leber- und Nierenschäden, auch Bauchfellentzündung.

● Behandlung

▶ Sofort den Tierarzt aufsuchen. Im Anfangsstadium der Krankheit oder bei starkem Scheidenausfluß kann eine konservative Behandlung mit Antibiotika und Hormonen (Prostaglandinen) über mindestens 1 Woche versucht werden. In den meisten Fällen müssen jedoch Gebärmutter und Eierstöcke operativ entfernt werden. Hat die Gebärmuttererweiterung bereits zu einem schweren Nierenschaden mit Urämie geführt, erhöht sich das Operationsrisiko enorm. Die Hündin muß durch Infusionen, die die Nierenfunktion verbessern, auf die Operation vorbereitet werden.

Nachbehandlung: Antibiotika über mindestens 1 Woche, bei Nierenschädigung sogar über 2 bis 3 Wochen nötig.
Vorbeugung: Die frühzeitige Kastration der Hündin ist die beste Vorbeugemaßnahme. Kastration verhindert nicht nur Entzündungen und Vereiterungen der Gebärmutter, sondern beugt auch Brustdrüsenkrebs vor.

■ Homöopathie

Dosierung → Seite 39.
Pulsatilla; Lachesis; Echinacea angustifolia; Apis; Phosphorus; Sepia; Aconitum.
– Zur Nachbehandlung bei operativer Entfernung der Gebärmutter: Sabina (um den im Gebärmutterstumpf befindlichen Eiter zu entleeren).

Scheinträchtigkeit

Symptome: Etwa 6 bis 8 Wochen nach der Läufigkeit Anschwellen des Gesäuges; bei Druck fließt Milch aus den Brustdrüsen. Nestbau, Verteidigen von Spielsachen; Aggressivität. Sich-Verkriechen. Geringer oder auch gesteigerter Appetit.
Ursachen: Auch bei nicht trächtigen Hündinnen läuft hormonell eine Art Schwangerschaft ab, die nach 2 Monaten, dem theoretischen Geburtstermin, zur Milchproduktion führen kann. Dies hatte beim natürlichen Vorleben der Hunde im Rudel durchaus seine Funktion. Scheinträchtige Hündinnen standen infolge ihrer Milchproduktion als Ammen

Die scheinträchtige Hündin hat ein vergrößertes Gesäuge, das auch Milch produzieren kann.

für überzählige Welpen zur Verfügung. Im Zusammenleben mit den Menschen fehlen nun diese Ersatzwelpen, was gesundheitsschädigende Folgen hat.

Folgen: Wird die Milch nicht abgesaugt, kommt es zu Entzündungen des Gesäuges, Knötchenbildung und im Alter zu Tumoren, vor allem bei wiederholter Scheinschwangerschaft (Lactatio falsa).

● Behandlung

Um die Schwellung schneller abklingen zu lassen und einer Entzündung vorzubeugen, das Gesäuge mit Franzbranntwein oder durchblutungsfördernden Salben einreiben. Die verstörte Hündin durch Spaziergänge ablenken. Decken und anderes Nestbaumaterial sowie Spielzeug, das oft als Welpenersatz herhalten muß, entfernen.

▶ Bei Entzündungen den Tierarzt aufsuchen. Er nimmt das Absaugen der Milch nur aus entzündeten Drüsenkomplexen vor. Bei starken Entzündungen müssen Antiphlogistika (→ Fachbegriffe, Seite 117) und eventuell auch Antibiotika gegeben werden. Durch Injektionskuren (2 mal täglich über 4 bis 6 Tage) kann die Milchbildung verhindert werden. Die Hündin erbricht dabei aber häufig. Die Scheinträchtigkeit dauert normal nur 2 bis 3 Wochen.

Die scheinträchtige Hündin »adoptiert« als Ersatzwelpen oft Spielsachen, die Sie umgehend entfernen müssen.

Nachbehandlung: Entzündungen des Gesäuges durch Einreibungen verhindern, weiterhin mit der Hündin oft spazierengehen und vom »Nestbauen« ablenken.

Vorbeugung: Wenn die Hündin keine Jungen mehr bekommen soll, empfiehlt sich die Kastration (→ Fachbegriffe, Seite 117). Eine Hündin, die nicht mehr läufig wird, kann auch nicht mehr scheinträchtig werden. Damit beugt man nicht nur Entzündungen vor, sondern vermindert auch das Risiko von Knoten und Tumoren im Gesäuge.

■ Homöopathie

Dosierung → Seite 39.

– Folgende Mittel wirken zusammen vorbeugend gegen Scheinträchtigkeit, 3 Wochen nach dem Ende der Läufigkeit mit der Eingabe beginnen: Apis; Ammonium bromatum; Palladium; Platinum metallicum; Mellilotus; Moschus; Sepia; Ignatia; Aquilegia vulgaris; Cypripedium pubescens; Majorana.

– Bei bereits bestehender Scheinträchtigkeit: Asa foetida; Ignatia; Thuja; Pulsatilla; Lachesis; Moschus.

Erkrankungen der Sinnesorgane

Der Hund ist bekannt für seine feine Nase. Einen von Lawinenmassen verschütteten Menschen riecht er ebenso unfehlbar wie die trickreich versteckte Rauschgiftladung. Weniger gut finden wir indes seine Vorliebe für Vergammeltes. Es scheint für ihn nichts Wohlschmeckenderes zu geben als übelriechende Knochen oder Kot. Ganz zu schweigen von dem Wohlgeruch, den für ihn die Analdrüsen von Artgenossen beim Sich-gegenseitig-Beschnuppern ausströmen.

Bindehautentzündung

Symptome: Rötung und Schwellung der Bindehaut, vermehrter Tränenfluß, Lichtempfindlichkeit, verdicktes und hervortretendes drittes Augenlid (Nickhaut, → Zeichnung, Seite 75), Schwellung der Lider durch Reiben mit der Pfote. Diese Symptome kommen bei nahezu allen Augenkrankheiten vor.
Ursachen: Wind, Staub, Verstopfung des Tränennasenganges, Allergien, Infektionskrankheiten, ätzende Flüssigkeiten, Fremdkörper im Auge (Schmutzpartikel, Sand).
Folgen: Chronische Bindehautentzündung (Konjunktivitis), oft verbunden mit Bläschenbildung auf der Nickhaut.

● Behandlung

Bei Bindehautreizung mit wäßrig klarem Ausfluß 2- bis 3mal täglich die Lidränder mit lauwarmem Wasser oder Kamillenlösung reinigen. Reizlindernde Augentropfen (bei Tierarzt oder in der Apotheke erhältlich) 3- bis 4mal einträufeln.
▸ Schleimig eitriger Ausfluß bedeutet bakterielle Infektion und sollte vom Tierarzt behandelt werden. Antibiotikahaltige Augensalben mit Kortisonzusatz helfen am besten. Fremdkörper liegen meist im unteren Lidsack oder hinter der Nickhaut und können nur in Narkose entfernt werden. Eine kleine Narkose wird in der Regel auch für das Abschaben von Bläschen der Nickhaut nötig sein.

Nachbehandlung: Augentropfen 4- bis 6mal, Augensalbe 2 bis 3mal täglich (→ Pflege des kranken Hundes, Seite 23). Regelmäßige Reinigung der sekretverklebten Lidränder.
Vorbeugung: Zugluft und starke Verschmutzung am Kopf vermeiden.
Rassenanfälligkeit: Alle Hunde mit wuscheligem Haupthaar, dessen Spitzen im Auge einen ständigen Reiz auslösen, z.B. Yorkshire-Terrier, Shi-Tzu, Pudel, Malteser, Pekinese.
Beim Deutschen Schäferhund und beim Collie kommen knotige Wucherungen der Binde- und Nickhaut vor, die eine lebenslange Therapie mit Kortison und antibiotikahaltigen Augensalben erfordern.

■ Homöopathie bei Augenkrankheiten

Dosierung → Seite 39.
– Bei leichter Einstülpung des Augenlids: Graphites und Causticum.
– Bei geschwollenen Augenlidern: Apis.
– Bei vereiterten Augenlider, starkem Tränenfluß: Rhus Toxicodendron.
– Bei Gerstenkorn/Hagelkorn: Staphisagria.
– Bei oberflächlicher Hornhautentzündung: Kalium bichromaticum.

Erkrankungen der Augenlider

Symptome: → Bindehautentzündung, Seite 74.
Ursachen und Folgen:
– Zu enge Lidspalte mit Einwärtsrollen der Lidränder (Entropium): Wimpern und Haare sticheln im Auge.
– Zu weite Lidspalte mit ständig hängendem Unterlid (Ektropium): Infektionen am Auge.
– Gerstenkorn: Eitrige Knötchenbildung durch Entzündung der Lidrand-Talgdrüsen.
– Hagelkorn: Derbknotige Wucherung von Drüsen auf der Innenseite des Lides.
Beide führen zu eitriger Bindehautentzündung (→ Seite 74).

● **Behandlung**
▶ Zum Tierarzt gehen. Nicht versuchen, Lidrandgeschwüre selbst auszuquetschen. Sie fügen Ihrem Hund unnötige Schmerzen zu. Eine Operation ist in der Regel unumgänglich.

Nachbehandlung, Vorbeugung: → Bindehautentzündung, Seite 74.

■ **Homöopathie**
→ Seite 74.

Rassenanfälligkeit: Einwärtsrollen der Lidränder vor allem bei Chow Chow und Shar-Pei. Zu weite Lidspalte bei Bernhardiner, Basset, Spaniel, Berner Sennhund, Mastino, Dogge, Boxer und Leonberger.

Drüsengeschwür an der Nickhaut

Symptome: Rosafarbener, rundlicher Knoten im mittleren Augenwinkel, starker Tränenfluß.
Ursachen: Wucherung der Nickhautdrüse, die sich unter dem dritten Augenlid hervorwölbt oder über dessen Rand herauskippt (Zeichnung).

● **Behandlung**
▶ Nur durch den Tierarzt möglich. In Narkose wird das Drüsengeschwür (Adenom) operativ entfernt. Dabei ist es manchmal nötig, auch den umgekippten Knorpelteil des dritten Augenlides mit wegzunehmen. Die Nickhaut darf aber nicht gänzlich entfernt werden.

Nachbehandlung: Augentropfen 4- bis 6mal, Augensalbe 2- bis 3mal täglich. Wichtig ist weiterhin die regelmäßige Reinigung der Lidränder (→ Seite 75).

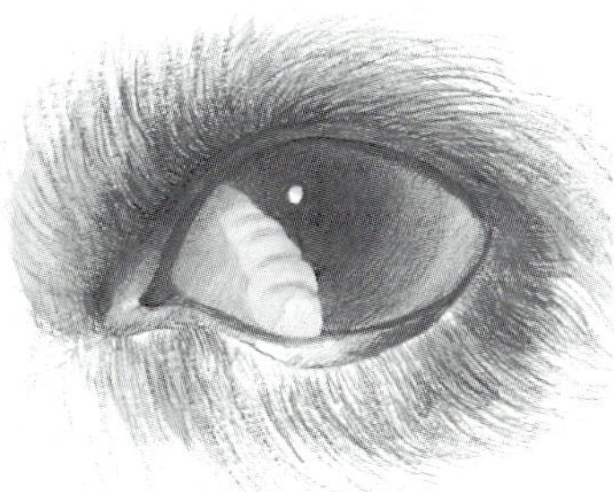

Nickhautvorfall mit Drüsengeschwür

Hornhautentzündung

Symptome: Rauchig bis milchige Trübung der Hornhaut. Hornhautentzündung (Keratitis) tritt meist zusammen mit Bindehautentzündung (→ Seite 74) auf.
Ursachen: Mechanischer Reiz durch Haare, Wimpern oder Fremdkörper und bakterielle Infektion führen zur Trübung der Hornhaut, in der kleine Geschwüre entstehen können.
Folgen: Brechen die Geschwüre durch die Hornhaut, kann das Auge ausfließen.

● **Behandlung**
▶ Zum Tierarzt gehen. Bei Hornhautentzündung helfen antibiotische Augensalben mit Kortisonanteil. Da Kortison aber die Geschwürbildung begünstigt, muß vorsichtig dosiert werden.
Größere Geschwüre werden in Narkose ausgeschabt und mit 5%iger Jodtinktur behandelt. Oft wird eine Nickhaut- oder Bindehautschürze als Schutz über das Geschwür genäht, damit das Auge nicht ausläuft.

Nachbehandlung: Antibiotische Augentropfen (4- bis 6mal täglich) und Augensalben (2- bis 3mal täglich), teils über Wochen.

■ **Homöopathie**
→ Seite 74.

Rassenanfälligkeit: Vorwiegend beim Deutschen Schäferhund,

4

gelegentlich bei Collie, Bernhardiner und Dackel kommt eine chronische Hornhautentzündung vor (erblich bedingt). Alle kurzschnauzigen Rassen wie Boxer, Mops, Boston Terrier, Französische Bulldogge und vor allem Pekinese neigen zu Hornhautentzündungen. Wegen des kleinen Oberschädels treten die Augen weit hervor und verschmutzen ständig. Zudem sticheln oft Haare der Nasenfalten ins Auge (Entfernung der Nasenfalte oft nötig bei Pekinesen).

Grauer Star

Symptome: Milchige bis perlmuttweiße Trübung der Linse; weite Pupille, oft keine akuten Symptome wie Tränenfluß.
Ursachen: Grauer Star (Linsenkatarakt) ist meist erblich bedingt; oft auch Folge anderer Augenerkrankungen wie Netzhautverkümmerung, Linsenvorfall, aber auch nach schweren Infektionen und Verletzungen am Auge. Zuckerkankheit bewirkt im Alter immer einen Grauen Star.
Folgen: Erblindung durch zunehmende Trübung, Grüner Star (Glaukom).

● **Behandlung**

▶ Den Tierarzt aufsuchen. Eine Operation, bei der die Linse entfernt oder ersetzt wird, ist inzwischen in Spezialkliniken möglich. Nur bei beidseitigem Grauem Star nötig, da eine einseitige Linsentrübung, soweit sie nicht zum Grüner Star führt, kein Problem ist.

Nachbehandlung: Stationäre Behandlung mit täglichem Wechsel des Kopfverbandes und Anlegen einer Halskrause, um den Operationserfolg zu sichern.
Vorbeugung: Gegen den Grauen Star werden viele Medikamente angeboten, die alle keine Wirkung haben, da es sich im wesentlichen um eine vererbte Veranlagung handelt.
Rassenanfälligkeit: Der Graue Star ist die am meisten verbreitete Erbkrankheit und kommt bei einem Großteil von Rassen vor, bevorzugt bei Pudel, Spaniel, Golden-Retriever, Labrador, Schnauzer, Bullterrier, Collie.

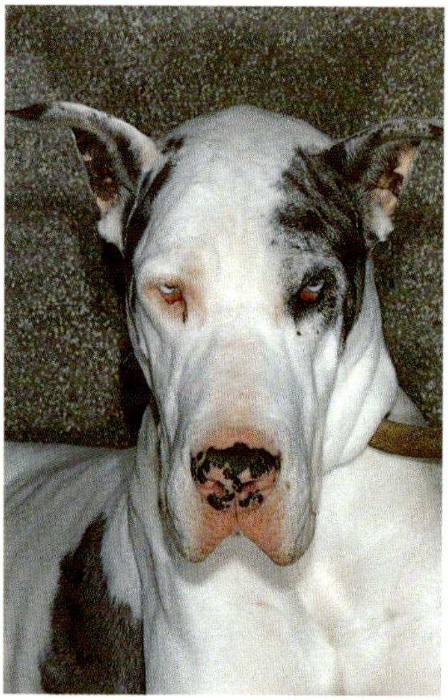

Deutsche Dogge mit Bindehautentzündung.

Verkümmerung der Netzhaut

Symptome: Anfangs Nachtblindheit, dann Verschlechterung der Tagessehkraft, weite Pupillen.
Ursachen: Erbkrankheit; fortschreitende Veränderung der Netzhaut (Progressive Retina-Atrophie, PRA).
Folge: Allmähliche Erblindung.

● **Behandlung**

▶ Diagnose nur durch den Tierarzt. Die Netzhaut (Retina) ist die lichtempfindliche Schicht des Augenhintergrundes, die nur mit einer Speziallampe untersucht werden kann. Die Krankheit ist unheilbar. Nur Folgebeschwerden wie Bindehautentzündung (→ Seite 74) sind behandelbar.

Nachbehandlung: 2- bis 3mal täglich entzündungshemmende und drucklindernde Augensalben auftragen.
Vorbeugung: Am besten Zuchtausschluß betroffener Tiere; wird bei einigen Rassen inzwischen versucht. Die Krankheit tritt erst im Alter von 3 bis 5 Jahren auf, so daß schon Generationen von Nachkommen existieren können.
Rassenanfälligkeit: Vor allem bei Kleinpudel, Spaniel-Arten, Berner Sennhund, Irish Setter, Zwerg- und Langhaardackel, Tibet-Terrier.

Grüner Star

Symptome: Vorgewölbtes, vergrößertes Auge mit weiter Pupille, durch die der Netzhautgrund grün durchleuchtet. Starker Tränenfluß, erhebliche Entzündung des gesamten Auges.
Ursachen: Linsentrübung oder Netzhautverkümmerungen führen zur Weitstellung der Pupille, damit mehr Licht einfallen kann. Der Abfluß des Kammerwassers wird dadurch behindert, der Augeninnendruck steigt. Weitere Glaukom-Ursachen: Verletzungen, Entzündungen, Tumoren.

● **Behandlung**

▶ Der Tierarzt kann kurzfristig mit Mitteln, die den Augendruck senken, und mit entwässernden Medikamenten helfen. Dauerhaft wirkt nur eine Operation. Bei unheilbarem Grünem Star (Glaukom) kann es nötig sein, den Augapfel zu entfernen, um den Hund von den Schmerzen des Überdrucks zu befreien.

Äußere Gehörgangsentzündung

Symptome: Kopf schütteln und schief halten, Kratzen am Ohr, zum Teil übelriechender Ausfluß, Schmerzhaftigkeit bei Berührung.
Ursachen: Eindringen von Wasser ins Ohr, übermäßige Ohrenschmalzproduktion, Ohrmilben, Pilze, Warzen, Tumoren, Verletzungen, Fremdkörper.

■ **Homöopathie bei Ohrenentzündungen**

Dosierung → Seite 39.
– Starker Juckreiz: Mercurius solubilis.
– Trockenes, gerötetes Ohr: Petroleum, Sulfur.
Viel Ohrschmalz: Graphites silicea.
– Gelb-bräunlicher Ausfluß: Psorinum Sulfur.
– Ausfluß gelblich, dick, stinkend, mit Blut und Eiter: Hepar sulfuris.
– Ausfluß ätzend, flüssig: Belladonna.
– Zusätzlich Warzen vorhanden: Causticum.
– Bei leichtem Blutohr: Massage des Ohres, z.B. mit Traumeel-Salbe.

● **Behandlung**

▶ Die genaue Diagnose stellt der Tierarzt. Gegen Ohrmilben (braunschwarzes Sekret) helfen Antiparasitenmittel, gegen Bakterien antibiotikahaltige Ohrentropfen, gegen Pilze Antimykotika (→ Fachbegriffe, Seite 114). Ohrspülungen in Narkose sind am wirkungsvollsten. Auch Fremdkörper müssen meist in Narkose mit einer Spezialzange entfernt, Warzen und Tumoren operiert werden. Bei chronischen Beschwerden hilft oft nur eine Ohrplastik, bei der durch eine Operation der tiefere Gehörgang freigelegt wird. Danach heilt jede Entzündung ab.

Nachbehandlung: Ohrentropfen nach Reinigung (→ Ohrenpflege, Seite 18) täglich einträufeln. Wöchentliche Kontrolle beim Tierarzt, bis zur Ausheilung.
Vorbeugung: Regelmäßige monatliche Reinigung der Ohren.

Rassenanfälligkeit: Rassen mit Hängeohren, z.B. Spaniel, Setter, Basset, neigen zu starker Ohrenschmalzbildung und engem Gehörgang. Starke Behaarung des Gehörganges bei Pudel, Terrierarten und wuscheligen Mischlingen begünstigen Ohrenentzündungen.

Blutohr

Symptome: Plötzlich auftretende Schwellung der Ohrmuschel mit flüssigem Inhalt (Othämatom).
Ursachen: Blutansammlungen zwischen Haut und Ohrknorpel. Durch starkes Kopfschütteln bei Ohrenentzündung kommt es zu Gefäßverletzungen, Blutungen.
Folgen: Narbig-schrumpelige Verkümmerung der Ohrmuschel.

● **Behandlung**

▶ Punktieren und Absaugen der Ohrschwellung; hilft nur selten auf Dauer. Meist kann nur durch eine Operation, bei der die Ohrmuschel zwischen 2 gazegepolsterte Plastikteile genäht wird, geholfen werden.

Nachbehandlung: 1 Woche Kopfverband, Fäden nach 2 Wochen ziehen.

Erkrankungen der Haut und hormonbildender Drüsen

Das Fell wärmt den Hund und ziert ihn zugleich mit seinem glatten kurzen oder wuschelig langen Haar. Darunter liegt die Haut, von der Flächenausdehnung her größtes Organ des Körpers. Sie ist robust, schützt vor Austrocknung und Verletzung und wehrt gefährliche Eindringlinge ab. Sie vermittelt Streicheleinheiten und Schmerz. Sie ist locker und dehnbar. Nur schwitzen kann sie nicht, das reguliert der Hund vorwiegend über das Hecheln.

Haarausfall

Haarlose Stellen verschiedener Ausdehnung bis zur Kahlheit am ganzen Körper.

Ursachen und Folgen:

– Kratzen oder Beißen bei starkem Juckreiz, z.B. durch Flohbefall oder Allergie, hat außer Haarausfall meist auch Ekzeme zur Folge.

– Mangel an Zink oder essentiellen Fettsäuren im Futter.

– Schwere Erkrankungen und Streßsituationen wie starker Wurmbefall, fiebrige Allgemeininfektionen, Belastung durch Geburt und Säugen der Welpen.

– Bei Hormonstörungen kommt es meist zu symmetrischem Haarausfall in der Nierenregion, an den Hinterschenkeln oder am ganzen Rumpf.

– Pilzbefall bewirkt kreisrunden fleckigen Haarausfall mit Dunkelfärbung der Haut.

- Vergiftungen mit Thallium (in Rattengift enthalten) oder Zytostatika (→ Fachbegriffe, Seite 119) können kompletten Haarverlust bewirken.

– Angeborene Haarlosigkeit als Zuchtziel: Nackthunderassen.

● Behandlung

▶ Der Tierarzt kann durch spezielle Untersuchungen von Hautgeschabseln, Bluthormonspiegeln oder Hautproben eine genaue Diagnose stellen. Die ursächlichen Erkrankungen, Parasitenbefall, Allergie, Infektionen, Hormonstörungen und andere, müssen behandelt werden (→ folgende Seiten).

Nachbehandlung, Vorbeugung: Eine ausgewogene Ernährung (→ Seite 14 und 15) ist für die gesunde Haut eine wichtige Voraussetzung. Geben Sie Ihrem Hund täglich je nach Größe 1/2 bis 2 Teelöffel pflanzliches Öl (z.B. Sonnenblumen-, Raps- oder Distelöl) ins Futter. Beim Tierarzt erhalten Sie Pulver, Kapseln, Tabletten oder Suspensionen (ölige Lösungen), die Zink, Biotin und essentielle Fettsäuren enthalten.

■ Homöopathie

→ Seite 79.

Rassenanfälligkeit: Angeborene Haarlosigkeit kommt beim Chihuahua sowie afrikanischem, chinesischem und mexikanischem Nackthund vor. Beim blaufarbigen Dobermann, Kurzhaardackel und Whippet, aber auch beim Silberzwergpudel kommt es häufig zu flächenhaftem Haarausfall.

Die angezüchteten Hautfalten führen beim Shar-Pei zu Hautproblemen.

Homöopathie bei Hauterkrankungen

Das Haarkleid und die Haut des Hundes sind ein Spiegelbild seines Stoffwechsels und damit auch seines Gesundheitszustandes. Augenfällig äußert sich eine Störung durch Juckreiz, Schuppenbildung, Stumpfheit und Brüchigkeit des Haares oder durch Haarausfall – oft mit eitrigem Ekzem, bedingt durch Kratzen und Schlecken.
Der Homöopath sieht die Haut auch als Entgiftungsorgan. Bei vielen Hautkrankheiten ist es also ratsam, eine Entschlakkung vorzunehmen.

Die innere Reinigungskur
Der Hund bekommt
- 3 Tage lang keine feste Nahrung, sondern nur Wasser, um sich nicht weiter mit Stoffwechselgiften zu belasten;
- am 4. Tag 1 Eßlöffel Fleischnahrung mit verschiedenen Kräutern wie Petersilie, Liebstöckel, Kresse oder auch etwas Knoblauch; dazu 1 Eßlöffel Haferflocken, Reis oder Kleie;
- am 5. Tag je 2 Eßlöffel davon;
- am 6. Tag je 3 Eßlöffel voll;
- jeden weiteren Tag einen Eßlöffel mehr, bis die gewohnte Tagesration erreicht ist.

Wichtig: 1 Fastentag pro Woche.
Diese innere Reinigungskur wirkt sehr hilfreich für den Organismus.

Eigenblutbehandlung
Der erfahrene Homöopath wendet oft mit Erfolg bei allergischen Hautkrankheiten eine Eigenblutbehandlung an. Dabei wird dem erkrankten Hund etwas Blut abgenommen, mit den passenden homöopathischen Injektionslösungen verdünnt und schließlich wieder injiziert.

Behandlung zu Hause
Mit folgenden Mitteln kann der Hund zu Hause behandelt werden (Dosierung, → Seite 39):
- Bei trockener Haut, Ekzemneigung (Verschlimmerung bei Regen), unangenehmer Ausdünstung, Schuppen, Haarausfall, glanzlosen Haaren, großem Durst, hartem Stuhl wechselnd mit Durchfällen: Sulfur. Fördert besonders bei chronischen Leiden die bessere Durchblutung der Haut.
- Bei Schuppen, Juckreiz, Akne, aufgedunsener Haut: Calcium carbonicum.
- Bei trockener Haut, Schuppen, starkem Juckreiz (besonders bei Wärme und nachts): Psorinum.
- Bei trockener, rissiger Haut, auch an Brustwarzen oder Hoden: Petroleum.
- Bei Haarausfall: Thallium/Selenium. Bei symmetrischem Haarausfall im Nierenbereich der Hündin ohne Juckreiz → Homöopathie bei Scheinträchtigkeit, Seite 73.
- Bei nesselartigen Ausschlägen, scharfer und saurer Ausdünstung, Juckreiz, Schwellungen im Kopfbereich: Acidum formicicum; Urtica urens.
- Bei Haarbruch im Rückenbereich über den letzten Rippen: Lycopodium. Oft Hinweis auf Lebererkrankungen.
- Bei eitrigen Hautausschlägen: Lachesis; Phosphorus; Pyrogenium.
- Bei Ekzemen an den Zehen: Silicea.
- Bei allergischen Hauterkrankungen mit Juckreiz ohne sonstige Veränderungen: Sulfur; Vincetoxicum; Natrium muriaticum.
- Bei Gräser- und Pollenallergie im Frühjahr, kann Urtica urens; Acidum formicicum auch vorbeugend vor der Blüte eingegeben werden.

Wichtig: Bei äußerlicher und örtlicher Anwendung an der betroffenen Stelle am besten die Haare scheren, die Haut mit 2%iger Wasserstoffsuperoxydlösung (aus der Apotheke) abtupfen, dann Salbe oder Öl auftragen, die Calendula, Arnica, Calcium carbonicum, Symphytum enthalten.

Bakterielle Hauterkrankungen

Ekzem ist ein Sammelbegriff für entzündliche Veränderungen der Haut. Das Ergebnis ist eine eitrige Infektion, die durch Kratzen und Belecken entsteht. Oft läßt sich die Ursache nur nach der Verteilung der Hautveränderungen am Körper feststellen.
Symptome: Hautrötungen, kleine knotige Erhebungen, eitrige Bläschen, eitrig nässende Stellen, kahle Hautstellen.
Ursachen und Folgen:
– Akuter Juckreiz durch Parasiten (z.B. Flöhe, Läuse), Insektenstich, Allergien, Hautverletzungen; kann zu kahlgekratzten und aufgebissenen nässenden Wunden an Hüften, Schwanzansatz, Kopf und Hals führen (Beiß- und Kratzdermatitis).
– Abnorme Faltenbildung der Haut führt zu nässenden Ekzemen (Interdermaldermatitis).
– Übermäßige Produktion der Hauttalgdrüsen führt zu eitriger Entzündung von Haarbälgen. Beim jungen kurzhaarigen Hund entstehen Akne und Furunkel am Kopf und Bauch, beim älteren langhaarigen Hund seborrhoeische (Talgabsonderungs-) Ekzeme und Follikulitis (→ Fachbegriffe, Seite 115), vorwiegend am Rumpf und Rücken.
– Verletzungen und eingespießte Fremdkörper (Dornen, Holzsplitter) führen zu blutignässenden Geschwüren zwischen und an den Zehen (Pododermatitis).

● **Behandlung**
Bei Befall mit Parasiten können Sie selbst durch Flohbäder helfen (→ Seite 82). Hindern Sie Ihren Hund mit einer Halskrause (vom → Tierarzt, Zeichnung, Seite 22) am Kratzen und Schlecken, oder decken Sie die Hautwunden ab, z.B. mit einem Verband oder einem zurechtgeschnittenen Stofflappen (→ Bild unten).
▶ Helfen diese Maßnahmen nicht, müssen Sie zum Tierarzt. Er schert die betroffene Region aus, um Ausmaß und Art der Hautveränderung zu sehen. Die Haut kann dadurch leichter abtrocknen, die örtliche Behandlung ist effektiver.
– Gegen übermäßige Talgproduktion und Follikulitis helfen medizinische Bäder, die Sie vom Tierarzt bekommen.
– Zur Desinfektion z.B., 2%ige Wasserstoffsuperoxydlösung oder Betaisodona.
– Zinksalben und Puder für nässende Ekzeme.
– Antibiotische Salben und Emulsionen bei stark eiternden Wunden.
– Bei großflächigen eitrigen Ekzemen und Geschwüren Antibiotika, auch als Tabletten. Anfangs auch Kortison gegen Entzündung und Juckreiz.

Nachbehandlung: Örtliche Desinfektion und Einreibungen 2mal täglich. Bäder 2mal wöchentlich. Antibiotika-Tabletten sind meist über 2 bis 3 Wochen nötig. Bei Pfotenvereiterungen tägliche Kamillenbäder und Verbände.

■ **Homöopathie**
→ Seite 79.

Rassenanfälligkeit:
– Hautfaltendermatitis am Kopf vorwiegend bei kurzschnauzigen Rassen wie Pekinese, Mops; bei Shar Pei (→ Zeichnung, Seite 78) am ganzen Körper.
– Beißdermatitis, Furunkulose vor allem beim Deutschen Schäferhund.

Ein selbst genähtes Trikot ist oft der beste Schutz gegen das Schlecken an Ekzemen und Hautwunden.

Pilzbedingte Hauterkrankungen

Symptome: Runde haarlose Flecken, ringförmige Rötungen mit zentraler Dunkelfärbung der Haut, Haare lassen sich gelegentlich büschelweise und mit einem Schuppensaum an der Basis auszupfen, mäßiger Juckreiz, der sich erst durch eine Kratzdermatitis verstärkt.
Ursache und Folgen: Hautpilze wie Mikrosporen und Trichophyten am ganzen Körper. In Hautfalten und Zehenzwischenräumen kommt es durch Hefepilzarten zu schuppig-nässenden Veränderungen.
Hinweis: Hautpilzerkrankungen sind auf den Menschen übertragbar und können zu sehr hartnäckigen Problemen führen. Achten Sie deswegen auf sorgfältige Hygiene und waschen Sie sich nach jeder Behandlung Ihres Hundes die Hände (→ auch Wichtige Hinweise, Seite 127).

● Behandlung

▶ Zur Absicherung der Diagnose legt der Tierarzt eine Pilzkultur an. Häufig muß der ganze Hund geschoren werden, um das Ausmaß des Pilzbefalls zu sehen.
– Zur örtlichen Behandlung z.B. mit Betaisodona desinfizieren , 2mal täglich pilzwirksame Salben (Antimykotika) auftragen. Bei großflächiger, schwerer Pilzinfektion der Haut müssen Antimykotika auch als Tabletten 2mal täglich gegeben werden.
– Für Bäder des gesamten Haarkleides und zur Desinfektion der Umgebung (Korb, Decken, Liegeplätze) sind imidazolhaltige Lösungen gut geeignet (beim Tierarzt erhältlich).
– Zufüttern von Vitamin-Mineralstoff-Mischungen (vom Tierarzt oder Zoofachhandel) und pflanzlichen Ölen, um die Regenerationfähigkeit der Haut zu verbessern.

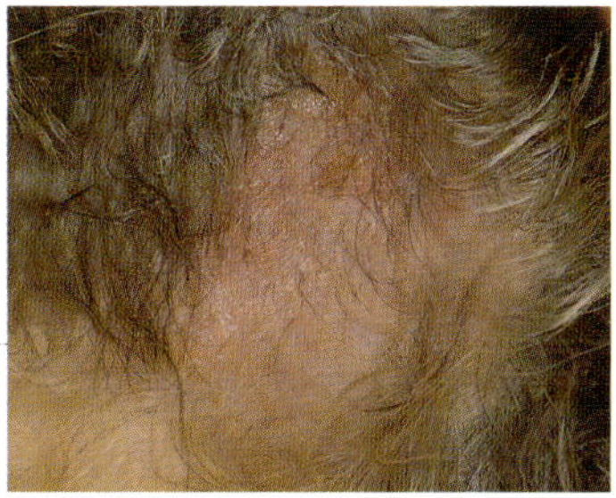

Beißdermatitis beim Hund.

Nachbehandlung: Örtliche Desinfektion und Einreibungen 2 bis 3mal täglich, Bäder 2mal wöchentlich (anschließend Hände gründlich waschen). Wöchentliche Kontrolle mit eventuellem Nachscheren der Haare beim Tierarzt. Gelegentlich auch Antimykotika (→ Fachbegriffe, Seite 114) in Tablettenform über 3 bis 4 Wochen.
Vorbeugung: Bei der Fellpflege auf Verfilzungen und Hautveränderungen achten (→ Seite 18).

■ Homöopathie

→ Seite 79.

Hauterkrankungen durch Parasiten

Symptome: Juckreiz und Ekzem, vor allem am Kopf, Hals und Rücken, aber auch am ganzen Körper.
Ursachen: Befall mit Hautparasiten (Flöhe, Läuse und Haarlinge; 1,5 bis 3 mm groß), die man mit bloßem Auge zwischen den Haaren erkennt.
– Bei Läusen, Haarlingen kleben Eiernissen an den Haaren.
– Flohkot (kleine schwarze Pünktchen) bekommt durch das Blut, das er enthält, auf feuchtem Papiertuch einen roten Hof.
– Herbstgrasmilben (0,5 mm groß) sind als klein gepunkteter, rostbrauner, Belag vor allem an Pfoten, Beinen und am Unterbauch zu erkennen.
– Zecken sitzen vorwiegend an Kopf und Hals und können stecknadelkopfgroß und in vollgesogenem Zustand bis erbsengroß sein.
Folgen: Chronische, zum Teil allergische Kratzekzeme mit Haarausfall. Der Hundefloh überträgt den häufigsten Hundebandwurm (Diphlidium caninum). Zecken übertragen eine bakterielle Gelenks- und Hauterkrankung (Borelliose), die bei Mensch und Tier vorkommt und zu chronischen Beschwerden führt. Die von Zecken übertragene virusbedingte Gehirnhautentzündung des Menschen ist für den Hund hingegen nicht gefährlich.

● **Behandlung**

– Flöhe, Läuse, Haarlinge: Mit entsprechenden Shampoos 2- bis 3mal in wöchentlichem Abstand baden (→ oben). Außer Shampoos stehen noch Puder und Sprays gegen Parasiten zur Verfügung (beim Tierarzt oder im Zoofachhandel erhältlich).
– Gleichzeitig muß auch die Umgebung mit Insektiziden (→ Fachbegriffe, Seite 116) desinfiziert werden, da sich Flöhe nur zu 15 bis 20%, nämlich beim Blutsaugen, auf dem Hund selbst befinden. In geheizten Räumen können Flöhe das ganze Jahr über lästig sein.
– Zecken: Mit einer Zeckenzange (→ Zeichnung) nach Aufträufeln eines Tropfen Öls (1 bis 2 Minuten warten) durch vorsichtiges Hin- und Herdrehen so entfernen, daß der Kopf nicht steckenbleibt.
– Herbstgrasmilben: Örtliche Einreibungen mit insektiziden Lösungen 2mal täglich; Erfolg schon nach 2 bis 3 Tagen.

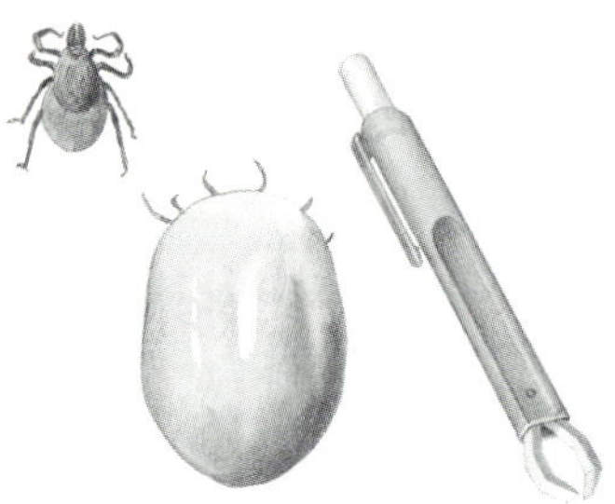

Mit einer Zeckenzange können die Parasiten entfernt werden.

Nachbehandlung: Fortsetzung der jeweiligen Behandlung, bis die Parasiten verschwunden sind.
Vorbeugung: Anlegen eines Flohhalsbands (Zoofachhandel); es dünstet 3 bis 4 Monate Insektizide aus, was aber gleichzeitig vermehrten Giftkontakt für Hund und Mensch bedeutet. Nehmen Sie Ihrem Hund das Insektenhalsband in der Wohnung ab und stecken Sie es in eine luftdichte Folientüte. Dadurch verringert sich die Geruchs- und Giftbelastung.

■ **Homöopathie**

→ Seite 79.

Ein Bad gegen Parasiten

Baden Sie Ihren Hund, wie man sich die Haare wäscht. Haare befeuchten, Shampoo auftragen und gut 5 bis 10 Minuten durchmassieren. Nachspülen, jedoch nicht allen Wirkstoff auswaschen, damit das Produkt noch nachwirken kann. Gleichzeitig Liegedekken, Fell und Kissen waschen und eventuell bevorzugte Liegeplätze mit einem Insektenspray desinfizieren.

Räude

Symptome:
– Sarkoptesräude: Starker Juckreiz, Knötchen und Krustenbildung an Kopf und Gliedmaßen, später am ganzen Körper. Hautrötungen, offene Wunden und verkrustete Stellen durch Kratzen, fleckiger Haarausfall (wie Mottenfraß).
– Demodexräude: Anfangs leicht schuppende, gerötete kleine Flecken an haarlosen Stellen, vor allem an Kopf und Gliedmaßen, vorwiegend bei jungen Hunden. Später viele kleine, zum Teil eitrige Pusteln; blaurote, knotig verdickte, haarlose Stellen, vorwiegend an Augen, Lefzen, Ohren, auch an Pfoten.
Ursachen und Folgen:
– Sarkoptesräude: Durch die Milbe Sarcoptes canis verursachte Allergie; führt zu einem Kratz- und Beißekzem mit großflächigem Haarausfall und Hautvereiterungen.
– Demodexräude: Die Milbe Demodex canis (Haarbalgmilbe) ist in den Haarwurzeln vieler Hunde und führt normalerweise zu keiner Erkrankung. Durch Schwächung des Immunsystems kommt es vor allem bei jungen Hunden zu einer Vermehrung der Milben, die Hauterkrankungen verursacht.
Hinweis: Sarkoptesräude ist auf Menschen übertragbar.

● **Behandlung**

▶ Wegen der Übertragbarkeit auf den Menschen unbedingt den Tierarzt aufsuchen. Oft erkennt der Hundebesitzer Räude daran, daß er selbst gerötete, stark juckende Knötchen am Unterarm hat. Zur genauen

Diagnose wird ein Hautgeschabsel (→ Fachbegriffe, Seite 116) des Hundes unter dem Mikroskop untersucht, wobei die Milben zu erkennen sind. Wichtig ist das Scheren des Haares am ganzen Körper, da die Milben überall vorkommen. Behandlung mit insektiziden Waschlösungen einmal wöchentlich, die intensiv einwirken müssen (am Körper eintrocknen lassen). Bei starkem Befall müssen Insektizide (z.B. Ivermectin) auch gespritzt oder als Tabletten gegeben werden.
– Vor allem bei Demodexräude spielen Immunbelastungen durch Wurmbefall und andere Infektionen eine Rolle. Auf keinen Fall Kortison gegen den Juckreiz geben, da es die Schwächung des Immunsystems noch verstärkt.

Nachbehandlung: Bäder und Waschungen mit Insektiziden 1mal wöchentlich. Eitrige Kratzekzeme 2- bis 3mal täglich mit antibiotischen Salben behandeln. Zur Kontrolle alle 1 bis 2 Wochen zum Tierarzt. Bei Demodexbefall ist die Therapie erst nach einem halben Jahr ohne Rückfall als erfolgreich anzusehen.
Vorbeugung: Kontrolle der Haut bei der Fellpflege. Regelmäßige Entwurmung und Impfung (→ Impfplan, Seite 20).

■ Homöopathie

→ Seite 79.

Direkte Hautkontaktallergie

Symptome: Juckreiz mit Rötung, kleinen Knötchen, nässenden Stellen, Krustenbildung vorwiegend an weitgehend haarlosen Stellen wie Bauch, Innenschenkel, Achsel, After- und Genitalregion; gehäuft von Frühjahr bis Herbst auftretend.
Ursachen: Innerhalb von 1 bis 3 Tagen auftretende direkte Allergie (Allergische Kontaktdermatitis) auf Stoffe der Umgebung wie Farben, Reinigungsmittel, Pflanzen, Insektizide (bei Flohhalsbändern Symptome am Hals).
Folgen: Schlecken und Kratzen und dadurch nässende Ekzeme.

● Behandlung

Der Hundebesitzer muß feststellen, wann und auf welchen Kontakt Symptome auftreten. Läßt sich die Ursache finden, weiteren Kontakt vermeiden. Ist dies auf Dauer nicht möglich, kortisonhaltige Emulsionen oder Salben anwenden.

Nachbehandlung: Bei hartnäckigen Hautreaktionen nach Behandlung des Beiß- und Kratzekzems (→ Seite 80) eventuell längere Zeit Kortison in geringer Dosierung geben.

■ Homöopathie

→ Seite 79.

Rassenanfälligkeit: Hellfarbige, kurzhaarige Hunde wie Labrador, Boxer, Beagle.

Indirekte Hautallergie

Symptome: Juckreiz und Rötung der Haut an Kopf und Hals, später am ganzen Körper. Bei Nesselfieber (akute allergische Reaktion) entstehen Bläschen und Quaddeln bis zu 1 cm Durchmesser, die zu großflächigen Schwellungen führen
Ursachen:
– Futterallergie: Unverträglichkeit bestimmter Nahrungsbestandteile (häufig bei Trockenfutter), anfangs gelegentlich mit Durchfall.
– Inhalationsallergie (Atopie): Vorwiegend erblich bedingte Überreaktion auf Pflanzenpollen, Pilzsporen, Hausstaub, Schuppen und Haare anderer Tiere oder Menschen; der Hund reagiert mit Hautveränderung, selten mit »Heuschnupfen«.
– Nesselfieber entsteht vorwiegend durch Insektenstiche, aber auch durch Futterbestandteile, Medikamente und eingeatmete Allergene (Stoffe, die Allergien hervorrufen).
Folgen: Schlecken, Kratzen und Beißen; führt zu akutem Ekzem (→ Seite 80), mit nässenden Stellen und Krustenbildung.

● Behandlung

Bei Futterallergie Allergie-Diät verabreichen (→ Seite 25).
▶ Durch einen Allergietest kann der Tierarzt die Ursache eventuell feststellen. Spritzkuren zur Gegensensibilisierung (→ Fachbegriffe, Seite 116) sind

sehr aufwendig und selten erfolgreich. Wenn auf Dauer der Kontakt zur Ursache der Allergie nicht zu vermeiden ist oder die Ursache nicht festgestellt werden kann, muß Kortison in möglichst geringer Dosierung in Form von Tabletten über längere Zeit gegeben werden.

Nachbehandlung: Kortison je nach Verlauf über einige Wochen im Frühjahr oder einige Monate bis zum Herbst geben, da Allergien häufig nur in der warmen Jahreszeit auftreten.

■ **Homöopathie**

→ Seite 79.

Rassenanfälligkeit: Erblich bedingte Neigung zu Inhalationsallergie kommt gehäuft bei Boxer, Labrador und Deutschem Schäferhund vor.

Autoimmunbedingte Hauterkrankungen

Symptome: Anfangs bläschenartige, später aufbrechende nässende Wunden, vor allem am Kopf und im Bereich von Mund, Nase, Ohren, After und Geschlechtsregion, seltener an den Pfoten (Nagelbett) und der übrigen Körperhaut. Mattigkeit, Fieber und Freßunlust wie bei einer Infektion.
Ursachen: Abnormes Verhalten von körpereigenen Abwehrzellen, die körpereigene Stoffe nicht mehr als solche erkennen. Dieses Fehlverhalten wird vermutlich durch Virusinfektionen, Nebenwirkungen von Medikamenten und äußere Einflüsse wie Schadstoffe und Strahlung der Umwelt hervorgerufen.
Folgen: Schwere chronische Allgemeinerkrankungen.

● **Behandlung**

▶ Autoimmunerkrankungen der Haut sind in der Regel nicht heilbar. Der Tierarzt kann sie mit Kortison lindern und die Symptome bekämpfen.

Nachbehandlung: Kortison je nach Symptomen, aber wegen der Nebenwirkungen möglichst niedrig dosieren, meist lebenslang. Bei der sogenannten Collie-Nase (Hautentzündung, die am Nasenspiegel aufgrund intensiver Sonnenbestrahlung entsteht) genügt meist eine örtliche Behandlung mit kortisonhaltigen Salben.
Vorbeugung: Bei der Collie-Nase helfen Hautsalben mit hohem Lichtschutzfaktor.
Rassenanfälligkeit: Die Collie-Nase kommt gehäuft bei Collie, Sheltie, Deutschem Schäferhund und Husky vor.

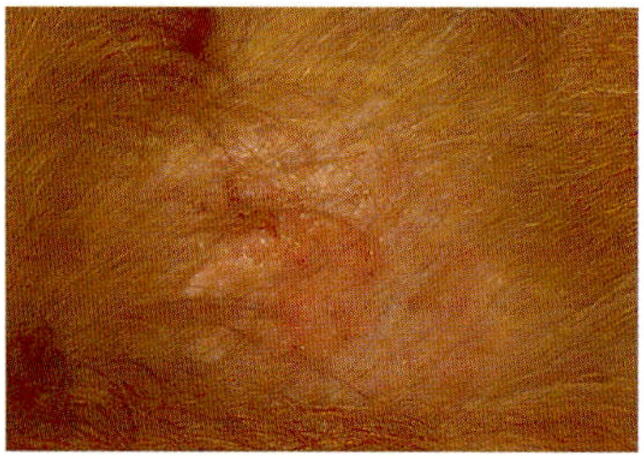

Krustenbildung der Haut weist auf Räude hin.

Hauttumoren

Symptome: In der Haut sitzende Umfangsvermehrung, die sich mit der Haut verschieben läßt. Meist im Kopf-, Nacken-Rückenbereich.
Ursachen und Folgen: Wucherungen, am häufigsten von Talgdrüsen, die so groß wie ein Ping-Pong-Ball werden können, gelegentlich aufplatzen und eine eiternde, kraterförmige Wunde hinterlassen. In der Regel gutartig; kommen vorwiegend bei alten Hunden vor.

● **Behandlung**

Bis kirschkerngroße Talgdrüsengeschwüre können Sie selbst wie einen Pickel ausdrücken. Es entleert sich eine pastig-talgige Masse. Die Wunde mit Merfentinktur, Mercurochrom oder Betaisodona (vom Tierarzt) mit Hilfe eines Wattestäbchens 2- bis 3mal täglich desinfizieren, bis die Öffnung abheilt.

▶ Größere Geschwüre müssen vom Tierarzt operativ entfernt werden, vor allem, wenn sie sich immer wieder füllen. Alle Hauttumoren sollten ab einer bestimmten Größe operiert und untersucht werden, ob sie gut- oder bösartig sind.

Nachbehandlung: Operationswunden 2mal täglich reinigen und mit Wundpuder behandeln. Fäden sollten nach 10 Tagen gezogen werden.
Rassenanfälligkeit: Vorwiegend bei Boxern kommen gelegentlich bösartige Hauttumoren vor.

Erkrankungen der hormonbildenden Drüsen

Im folgenden werden nur die wichtigsten Hormonstörungen besprochen, deren Symptome recht auffällig und für den Tierbesitzer leicht zu erkennen sind. Stumpfes Fell und starker symmetrischer Haarausfall ohne Juckreiz sind immer deutliche Hinweise auf Hormonstörungen.

Unterfunktion der Schilddrüse

Symptome: Symmetrischer Haarausfall mit Dunkelfärbung (Pigmentierung) der Haut am Rumpf (Flanken), Schwanzansatz, Hinterschenkel und Nasenrücken, übermäßige Schuppenbildung und Talgproduktion; Haut fühlt sich kühl, schwammig, trocken an; Mattigkeit, Lethargie, Untertemperatur; vermehrter Appetit; Fettleibigkeit und Trägheit.
Ursachen: Angeborene Unterfunktion oder Entzündungen, Verletzungen, tumorige Wucherungen.
Folgen: Angeborene Unterfunktion führt zu Zwergwachstum und Verkrüppelung; Hunde sterben früh.

● **Behandlung**

▶ Die Diagnose stellt der Tierarzt durch einen speziellen Bluttest. Bei einem Mangel an Schilddrüsenhormonen verschreibt der Tierarzt Hormontabletten, die Sie täglich dem Futter zugeben.

Nachbehandlung: Anfangs wöchentliche Kontrollen zum Einstellen der Hormondosis, später alle 3 Monate. Ihr Hund wird schon nach einigen Tagen lebhafter und bald schlanker. Die Haare wachsen nach 8 bis 12 Wochen nach. Der Hormonersatz ist lebenslang nötig.

■ **Homöopathie**

Dosierung → Seite 39.
Jodum und Spongia.

Rassenanfälligkeit: Bei älteren Hunden größerer Rassen wie Boxer, Dobermann, Beagle, Golden Retriever.

Vergrößerung der Schilddrüse

Die Schilddrüse ist eine symmetrisch paarig angelegte Hormondrüse, die – wie beim Menschen – im Kehlkopfbereich am Hals sitzt. Eine Vergrößerung der Schilddrüse bezeichnet man als Kropf (Struma). Hervorgerufen wird sie entweder durch Jodmangel (kommt wegen der Verwendung von jodiertem Salz und Trinkwasser kaum noch vor) oder durch einen Mangel an Schilddrüsenhormonen. Das Verabreichen von Jod oder Schilddrüsenhormonen bewirkt schnell eine Verkleinerung und Normalisierung.

Überfunktion der Schilddrüse

Symptome: Abmagern, viel Trinken, Unruhe, leichte Erregbarkeit, ständiges Hecheln, Muskelzittern, erhöhter Puls; leicht erhöhte Körpertemperatur, Hunde suchen kühlen Platz; vorwiegend bei alten Hunden.
Ursachen: Steigerung des Stoffwechsels durch Überproduktion von Schilddrüsenhormonen, meist im Zusammenhang mit Schilddrüsenkrebs.
Folgen: Tumoren der Schilddrüse sind beim Hund recht selten, neigen aber als bösartige Geschwüre zur Bildung von Tochtergeschwüren (Metastasen).

● **Behandlung**

Die Schilddrüse ist meist einseitig vergrößert, und man kann in der Regel kleine Knoten tasten.
▶ Der Tierarzt wird durch eine Röntgenaufnahme der Lunge klären, ob schon Metastasen (→ Fachbegriffe, Seite 117) vorhanden sind. Wenn nicht, Operation der betroffenen Schilddrüsenseite und benachbarter Lymphknoten. Die Symptome, die sich bei der Überfunktion der Schilddrüse zeigen, gelten als Vorwarnung.

■ **Homöopathie**

Dosierung → Seite 39.
Glonoinum; Acidum arsenicum.
– Bei Abmagerung: China.

Rassenanfälligkeit: Boxer, Golden Retriever und Beagle.

Überfunktion der Nebennierenrinde

Symptome: Symmetrischer Haarausfall bis zur totalen Kahlheit am Rumpf (Beine und Kopf bleiben behaart); papierdünne, dunkel pigmentierte Haut mit vielen Fältchen und entzündeten Haarbälgen (Follikulitis); vermehrter Durst und Urinabsatz, vermehrter Appetit, Fettsucht; Hängebauch (→ Zeichnung) durch Leververgrößerung; Trägheit, Muskelschwäche, Zittern, Untertemperatur.
Ursachen: Überfunktion der Nebennierenrinde (Cushing Syndrom). Paarig angelegte Hormondrüsen, die beiderseits im Fettgewebe der Nieren liegen und neben anderen Hormonen auch körpereigenes Kortison (Kortisol genannt) produzieren. Meist entsteht die Überfunktion durch Fehlsteuerung der Hirnanhangsdrüse (Hypophyse), die eine zentrale Rolle in der Regulierung der Hormonproduktion spielt. Selten (bei 10%) liegen Tumoren der Nebennierenrinde vor.
Folgen: Eitrige Infektionen der Haut, innerer Organe und des gesamten Organismus aufgrund des hohen Kortisolspiegels, der die Widerstandskraft des Körpers mindert.

● **Behandlung**

▸ Zur Diagnose wird der Tierarzt einen speziellen Hormonbluttest durchführen. Wucherungen der Nebennieren, die zu 90% durch Fehlsteuerung der Hypophyse entstanden sind, lassen sich mit Lysodren, einem speziellen Zytostatikum (→ Fachbegriffe, Seite 119) recht gut behandeln. Es bremst die Nebenniere in der Kortisolproduktion. Die Einstellung auf die richtige Dosis muß anfangs ganz sorgfältig, unter täglicher Kontrolle erfolgen. Kleinere Tumoren der Nebennieren können eventuell auch operativ entfernt werden.

Nachbehandlung: Die Behandlung ist lebenslang. Anfangs tägliche Beobachtung und Kontrolle des Durstes beim Hund bis zu 1 Woche. Zur Dauertherapie genügt meist eine Dosis pro Woche. Regelmäßige Nachkontrolle alle 3 bis 4 Monate. Nach 6 bis 8 Wochen fangen die Haare zu sprießen an, und nach 3 bis 4 Monaten ist der Hund in seinem Aussehen wieder ganz normal.

Cushing-Syndrom: Hängebauch und Haarausfall am Körper.

Unterfunktion der Nebennierenrinde

Symptome: Lustlosigkeit, schlechter Appetit, Abmagerung, leichte Ermüdbarkeit, allgemeine Schwäche, Erbrechen, Durchfall, Kreislaufprobleme mit wechselndem Puls, Taumeln und Zusammenbrechen.
Ursachen: Durch Verletzungen bei Unfällen, Infektionen, Tumoren oder Durchblutungsstörungen kann die Nebennierenrinde in ihrer Funktion gestört sein. Streßsituationen, aber auch plötzliches Absetzen einer langen Kortison-Therapie können zu einer Unterfunktion der Nebennierenrinde (Adison Syndrom) führen.
Folgen: Schwere Störungen im Allgemeinbefinden und akute Kreislaufprobleme, die auch zu Schockzuständen und plötzlichem Tod führen können.

● **Behandlung**

▸ Die Diagnose kann der Tierarzt durch einen speziellen Hormontest stellen. Behandlung der akuten Kreislaufprobleme mit Infusionen, denen anfangs die fehlenden Hormone zugegeben werden.

Nachbehandlung: Nach der stationären Behandlung muß der Hormonersatz in Form von Tabletten regelmäßig 2mal täglich oder in Form einer Spritze alle 10 Tage gegeben werden. Meist ist eine lebenslange Ersatztherapie notwendig.

Vorbeugung: Streßsituationen, Aufregung und übermäßige Anstrengung vermeiden.

Zuckerkrankheit

Symptome: Übermäßiger Durst und Urinabsatz, Mattigkeit, Lethargie, übermäßiger Appetit ohne Gewichtszunahme, im Endstadium sogar Abmagerung, stumpfes Haarkleid, gelegentlich Juckreiz, Hängebauch durch Vergrößerung der Leber, Linsentrübung der Augen, überwiegend bei Hunden mittleren bis hohen Alters.
Ursachen: Zuckerkrankheit (Diabetes mellitus) entsteht durch einen Mangel an Insulin (Hormon, das in der Bauchspeicheldrüse gebildet wird und den Zuckerstoffwechsel reguliert).
Folgen: Durch den Insulinmangel steigt der Zuckergehalt des Blutes um ein Vielfaches des Normalwertes, was den ganzen Stoffwechsel durcheinanderbringt und zu Herz-, Nieren-, Leber- und Augenproblemen und letztlich zum Tod führt.

● Behandlung

Durch eine Urinuntersuchung mit einem sogenannten Streifentest (aus der Apotheke) können Sie Zucker im Harn des Hundes auf recht einfache Weise nachweisen. (Normaler Urin enthält keinen Zucker).
▸ Zur genauen Diagnose muß der Tierarzt den Blutzuckerspiegel durch eine Blutprobe feststellen. Danach richtet sich die Ersatztherapie mit Insulin, das täglich gespritzt werden muß. Zum Einstellen der Insulindosis sollte der Hund eventuell stationär 3 bis 5 Tage überwacht werden, da 2 bis 3 Blutzuckermessungen pro Tag nötig sind. Danach genügen anfangs wöchentliche, danach monatliche oder sogar vierteljährliche Kontrolluntersuchungen.
Genauso wichtig wie die Insulinspritze ist eine strikte, gleichbleibende Diätfütterung über den Tag verteilt in 3 bis 4 Portionen (→ Diabetiker-Diät, Seite 25). Insulin sollte täglich zur selben Zeit, ungefähr 4 bis 6 Stunden vor der ersten Fütterung, gegeben werden (→ Verabreichen der Spritze, Seite 23).

Nachbehandlung: Insulin und Diabetiker-Diät müssen lebenslang gegeben werden. Der Hund muß immer genügend Wasser zu trinken haben. Anhand des Durstes läßt sich mit gelegentlichen Zuckerkontrollen im Urin die Insulindosierung ganz gut abstimmen.
Trinkt der Hund deutlich mehr, wird die Dosis leicht erhöht; trinkt er deutlich weniger, so wird die Dosis leicht verringert. Über Jahre kann so der Hund, mit aller Konsequenz gefüttert und behandelt, recht gut leben.

■ Homöopathie

Dosierung → Seite 39.
Syzygium jambolanum; Aesculus; Phlorizinum; Plumbummetallicum.

Rassenanfälligkeit: Zuckerkrankheit tritt gehäuft bei mittelgroßen Hunden: Pudel, Dackel, Spitz, Fox-, Welsh- und Jagdterrier auf.

Das entscheidende Stückchen Zucker

Durch Überdosierung von Insulin, oder wenn der Hund nach dem Verabreichen der Spritze nicht frißt, kann es zu Unterzucker kommen. Dieser Zustand kann lebensbedrohlich sein und zeigt sich durch Nervosität, Zittern, Mattigkeit, Taumeln, Krämpfe und Bewußtlosigkeit.
Geben Sie dem Hund so schnell wie möglich Zucker, am besten Zuckerwasser ins Maul träufeln oder Honig auf die Zunge schmieren.
Für den Notfall, vor allem bei Spaziergängen mit dem zuckerkranken Hund, sollten Sie immer ein Stück Würfelzucker in der Tasche haben.
Beim Tierarzt kann auch – je nach Höhe des Zuckerspiegelabfalls – hochprozentige Traubenzuckerlösung in die Vene gespritzt werden.

Erkrankungen des Bewegungsapparates und Nervensystems

Der Hund hat wie alle Wirbeltiere eine bewegliche Wirbelsäule. An einem Ende sitzt der Kopf, das andere Ende läuft in den Schwanz aus. Mit der Wirbelsäule sind die vier Beine vorne über die Schulter, hinten mit dem Becken verbunden. Die Knochen stützen den Körper und geben ihm seine äußere Form. Über die Gelenke wird dieses starre Skelettsystem beweglich. Doch erst die Kraft der Muskeln befähigt den Hund zum Laufen, Springen und Sitzen.

Das Wachstum der Knochen beim jungen Hund findet vorwiegend in Knorpelfugen statt, die sich am oberen und unteren Ende der einzelnen Gliedmaßenknochen bzw. an Schädel und Becken befinden. Durch Erbkrankheiten, fehlerhafte, meist zu üppige Ernährung und durch Verletzungen im Bereich der Wachstumsfugen kommt es zu schmerzhaften Mißbildungen von Knochen und Gelenken, die zu wechselnden Lahmheiten führen.

Hüftgelenksdysplasie

Symptome: Die Hunde scheinen durch ihre Behinderung etwas träge, zeigen Lahmheiten ein- oder beidseitig auftretend, haben Schwierigkeiten beim Aufstehen und Hinlegen; der Gang ist watschelnd und schlenkernd, die Stellung der Beine meist x-förmig.
Ursachen und Folgen: Die Hüftgelenksdysplasie (HD) ist eine vorwiegend erblich bedingte Mißbildung, die bei großen und schweren Hunden auftritt und im Wachstum zu einer ungleichen Form von Beckenpfanne und Oberschenkelkopf führt (Röntgenbild). Durch zunehmende Belastung wird das Gelenk falsch abgenutzt, und es kommt zu frühzeitiger Arthrosebildung.
Die Hunde werden lahm und können sich nur noch unter großen Schmerzen bewegen.

● **Behandlung**

▸ Die Diagnose ist nur durch eine Röntgenaufnahme des Beckens möglich. Zur Linderung der Beschwerden werden schmerzstillende und entzündungshemmende Medikamente eingesetzt. Bei akuten Problemen durch Überbelastung oder zusätzlicher Verletzung des Gelenks muß auch Kortison, am besten in Form einer Tabletten-Kur, über einige Tage zur Linderung gegeben werden.
Beim noch wachsenden Hund vermindert die Durchtrennung eines Muskels an der Schenkelinnenseite, die durch einen relativ kleinen operativen Eingriff vorgenommen wird, deutlich die Schmerzen.
Bei dauerhaften starken Beschwerden hat sich wie beim Menschen der operative Ersatz durch ein künstliches Hüftgelenk durchgesetzt. Die Operation ist zwar sehr aufwendig und Spezialkliniken vorbehalten, wirkt aber Wunder. Die Hunde belasten schon am Tag nach der Operation besser und laufen 1 bis 2 Wochen später scheinbar beschwerdefrei. Einzige Alternative für diese recht teuere Operation ist bei zunehmenden unbehandelbaren Beschwerden das Einschläfern des Hundes.

Nachbehandlung: Schmerzlindernde und entzündungshemmende Mittel werden in kleiner werdender Dosierung über 4 bis 8 Tage gegeben. Je nach Beschwerden können solche

Kuren in Abständen von mindestens 3 bis 4 Wochen, auch in Verbindung mit Kortison, wiederholt werden.
Wichtig: Auf Dauer haben alle Schmerzmittel Nebenwirkungen (Knochenmarksschäden, Anämie). Auch Kortison sollte nur bei akuten Beschwerden und nicht ständig eingesetzt werden, da es die Widerstandskraft des Körpers verringert.
Die Zufütterung von Muschelextrakt-Mischungen (beim Tierarzt erhältlich), die den Gelenksknorpel elastischer machen sollen, führt nach 6 bis 8 Wochen zu einer merklichen Schmerzlinderung.
Vorbeugung: Wachsende Hunde nicht zu üppig füttern, die Entwicklung der Krankheit scheint dadurch begünstigt. Zuchtausschluß der betroffenen Tiere.
Rassenanfälligkeit: HD ist die am meisten verbreitete Erbkrankheit. Sie kommt bei nahezu allen Rassen vor, überwiegend jedoch bei großen, schweren Hunden wie Deutscher Schäferhund, Dogge, Bernhardiner, Mastiff, Bulldogge, Berner Sennhund, Bobtail. Nahezu alle Zuchtverbände großer und auch mittelgroßer Rassen schreiben inzwischen eine Röntgenkontrolle der Hüften im Alter von 1 Jahr vor, von deren Ergebnis es abhängt, ob der Hund als zuchttauglich gilt.

Nekrose des Oberschenkelkopfes

Symptome: Im Alter von 5 bis 12 Monaten tritt einseitige Lahmheit der Hinterhand auf.
Ursachen und Folgen: Bei Kleinrassen, wie z.B. Yorkshire, kommt es durch eine vererbte Fehlentwicklung des Oberschenkelkopfes (vermutlich durch mangelnde Gefäßversorgung) zum Absterben (Nekrose) der oberen Hälfte des Oberschenkelkopfes im Hüftgelenk.

● Behandlung

▶ Die genaue Diagnose kann der Tierarzt anhand einer Röntgenaufnahme stellen. Es kommt nur die operative Entfernung des Oberschenkelkopfes in Frage. Als Gelenkersatz bildet sich eine Verbindung aus Bindegewebe zwischen Becken und Oberschenkel.

Nachbehandlung: Übliche Wundpflege nach der Operation (→ Seite 22 und 23) bis zum Fädenziehen nach 10 Tagen. Die Hunde beginnen schon nach ein paar Tagen das Bein zu belasten. Es kann aber Wochen dauern, bis die Lahmheit verschwindet. Dann laufen die Hunde in der Regel lebenslang beschwerdefrei.
Vorbeugung: Zuchtausschluß betroffener Tiere. Der Wunsch, immer kleinere Hunde zu züchten, hat dazu beigetragen, daß solche Mißbildungen auftreten, wie sie auch die Kniescheibenluxation (→ Seite 90) darstellt.
Rassenanfälligkeit: Die vererbte Anomalie kommt nur bei Kleinrassen wie Yorkshire-Terrier, Chihuahua, Malteser, Shi-Tzu und Zwergvarianten von Pudel, Schnauzer und Pinscher vor.

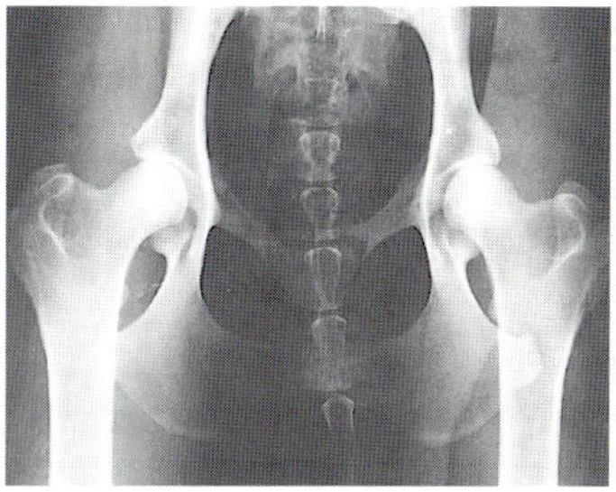

Röntgenaufnahme eines gesunden Hüftgelenks: Der Gelenkkopf paßt genau in die Beckenpfanne.

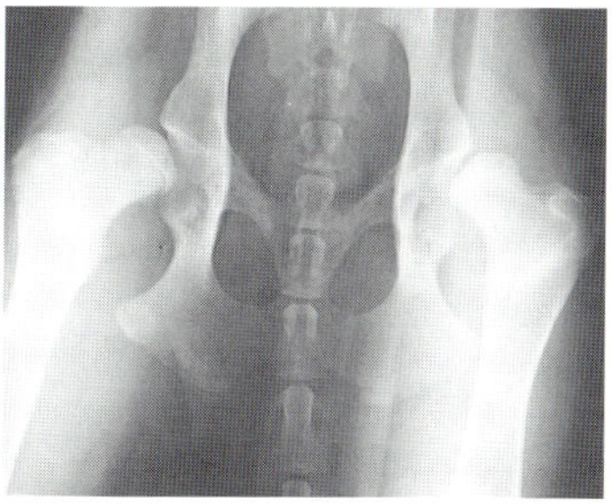

Röntgenaufnahme einer Hüftgelenksdysplasie: Gelenkkopf und Beckenpfanne passen nicht mehr ineinander.

6

Kniescheibenluxation

Symptome: Anfangs Hüpfen, dann häufigeres Hochheben eines oder beider Hinterbeine. Verdickung und Schmerzhaftigkeit im Kniegelenk. Bei beidseitiger Luxation Hüpfen wie ein Häschen mit aufgekrümmtem Rücken. Erste Symptome im Alter von 4 bis 6 Monaten.
Ursachen und Folgen: Erblich bedingte Mißbildungen der Hinterbeine. Durch Verdrehung und Verkrümmung des Oberschenkels rutscht die Kniescheibe aus dem Gelenk nach innen (Mediale Patellarluxation). Die Fehlbeanspruchung führt zu Arthrose und Versteifung.

● **Behandlung**

▶ Zur Korrektur der Kniescheibenluxation gibt es verschiedene Operationsmöglichkeiten, die Ihnen der Tierarzt erklären wird.

Nachbehandlung: Nach der Operation übliche Wundpflege (→ Seite 22 und 23), den Hund schonen und ihn 3 bis 4 Wochen an der Leine führen. Nach der Operation belasten die Hunde 1 bis 2 Wochen schlechter, dann zunehmend besser.
Vorbeugung: Zuchtausschluß betroffener Tiere.
Rassenanfälligkeit: Vor allem kleine Rassen wie Yorkshire-Terrier, Chihuahua, Shi-Tzu und Zwergvarianten von Pudel, Schnauzer und Pinscher.

Knochenwucherungen und Verkrümmungen

Symptome: Schmerzhafte, sich warm anfühlende knochige Umfangsvermehrung am Handwurzel-, Sprung- oder Kniegelenk. Lahmheit, Fieber, Apathie, schlechter Appetit.
Ursachen und Folgen: Bei schnellwachsenden, großen Rassen kommt es im Alter von 3 bis 6 Monaten durch Überangebot an eiweißreichem, energievollen Futter, vermutlich auch durch zu reichliche Mineralstoffzufütterung zu Knochenhautwucherungen (Hypertropher Osteodystrophie) am unteren Unterarm und Unterschenkel, gelegentlich am Knie. Dabei entstehen Verkrümmungen an den Gelenken.

● **Behandlung**

▶ Die Diagnose stellt der Tierarzt durch Röntgenaufnahmen. Gegen Schmerzen und Fieber helfen Analgetika (→ Fachbegriffe, Seite 114). Die wichtigste Maßnahme ist eine Futterumstellung mit mehr Ballaststoffen. Fleischration vermindern und durch Pansen, Lunge, Euter und ähnliches ersetzen, mehr rohfaserreiche Kohlenhydrate wie Gemüse und Vollkorngetreideprodukte ins Futter geben. Gesamtfuttermenge reduzieren und Ergänzungs-, Kraft-, und Mineralstoffzufutter weglassen. Mit Ende des Wachstums heilt die Krankheit aus (Verkrümmungen bleiben).

Zum Thema Rachitis

Zu gehaltvoll wird wohl auch deswegen gefüttert, weil viele Hundebesitzer, Hundezüchter und leider auch Tierärzte meinen, damit die Gefahr einer Rachitis zu unterbinden. Doch Rachitis (Unterversorgung mit Vitamin D) spielt beim Hund in unseren Breitengraden nur eine sehr untergeordnete Rolle und ist durch das reichliche Angebot von Hundefutter, das mit Vitaminen angereichert ist, heute geradezu ausgestorben. Die durch reine Fleischfütterung hervorgerufene Knochenerweichung (Osteoporose) hingegen ist auf einen Kalziummangel und Phosphorüberschuß im tierischen Eiweiß (Fleisch-, aber auch Milchprodukte) zurückzuführen und hat mit Rachitis nichts zu tun. Sie läßt sich durch Zufüttern von Kalzium leicht beheben.

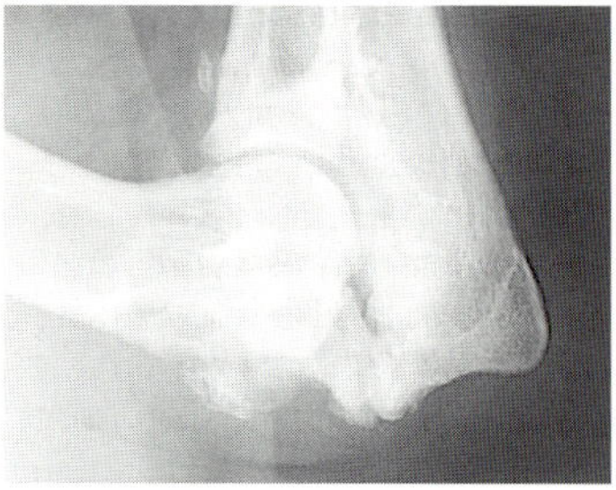

Arthrose im Ellbogen: Mit der Zeit kommt es durch Abnutzung zu schmerzhaften Veränderungen am Gelenk.

Ellbogendysplasie, Osteochondrosen

Symptome:
– Ellbogendysplasie: Lahmheit einer oder beider Vorderläufe, deutlich vor allem nach langem Liegen und Abwärtsgehen.
– Osteochondrosen: Schmerzhaftigkeit und Lahmheit durch Schulter-, Ellbogen-, Knie- und Sprunggelenksprobleme.
Beide Erkrankungen treten bei großen Hunden im Alter von 6 bis 8 Monaten auf.
Ursachen und Folgen:
– Ellbogendysplasie: Unterschiedliches Längenwachstum von Elle und Speiche (→ Zeichnung des Skeletts, Seite 34), das durch Verletzungen an den Wachstumsfugen entsteht. Es kommt es zu einer Stufenbildung zwischen Elle und Speiche im Ellbogengelenk. Sie führt zu Fehlbelastungen und zur Ablösung von Gelenkfortsätzen (Anconeus, → Fachbegriffe, Seite 114) und in der Folge zu Arthrose (→ Seite 92).
– Osteochondrosen: Ablösung kleiner Knorpelteilchen, die als freie Körper in Gelenken zur Lahmheit und in der Folge zu Arthrose führen.
Beide Wachstumsstörungen werden durch Überbelastung, aber auch durch zu gehaltvolle Fütterung (→Seite 90) begünstigt.

● **Behandlung**

▶ Rechtzeitige Operation, um die Arthrose-Entwicklung gering zu halten.

Nachbehandlung: Übliche Wundpflege (→ Seite 22 und 23), Fäden nach 10 Tagen ziehen. Den Hund schonen und 3 bis 4 Wochen vorwiegend an der Leine führen. Die beginnende Arthrose muß lebenslang behandelt werden. Operationen tragen nur zur Linderung der Arthroseentwicklung bei.
Vorbeugung: Zuchtausschluß betroffener Hunde.
Rassenanfälligkeit: Bei großen, grobknochigen Hunden wie Dogge, Deutscher Schäferhund, Bernhardiner, Basset, Berner Sennhund, Boxer, Golden Retriever, Weimaraner, Pointer, Deutsch Drahthaar; Ellbogendysplasie auch beim Dackel.

Knochen- und Knochenmarksentzündung

Symptome: Hohes Fieber, Umfangsvermehrung, vermehrte Wärme und deutliche Schmerzhaftigkeit des betroffenen Knochens, nässende, immer wieder aufbrechende Wunden, hochgradige Lahmheit.
Ursachen: Infektiöse Entzündung der Knochen und des Knochenmarks nach offenen Brüchen oder nach unsauberen Osteosynthesen (→ Fachbegriffe, Seite 118). Der infizierte Knochen löst sich förmlich auf, bildet Hohlräume, die nach außen durch die Haut aufbrechen.

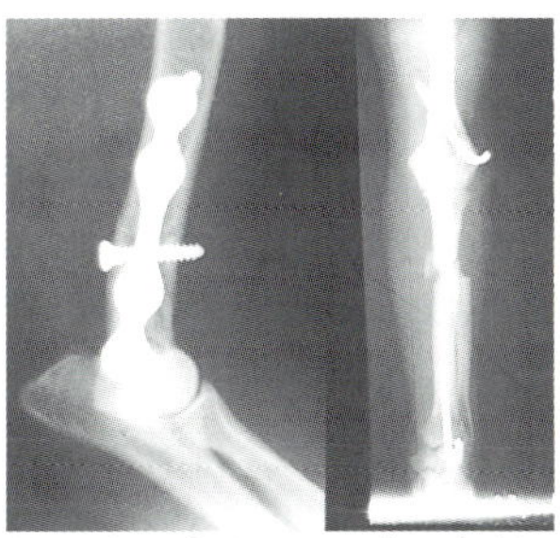

Knochenfixierung durch Nagelung oder Einsetzen einer Platte.

● **Behandlung**

▶ Zur Behandlung müssen hochdosierte Antibiotika eingesetzt werden. Sprechen diese nicht genügend an, muß operiert werden.

Nachbehandlung: Nur hochdosierte Antibiotikakuren über Wochen sind erfolgversprechend.
Rassenanfälligkeit: Beim Deutschen Schäferhund kann es im Alter von 5 bis 12 Monaten zu schmerzhaften, nicht infektiösen Entzündungen der Oberarm- und Oberschenkelknochen (Panostitis) mit wechselnden Lahmheiten und Fieber kommen. Diese offensichtlich autoimmun bedingte Erkrankung (→ Seite 95) heilt im Verlauf von 1 bis 3 Monaten meist von selbst aus. Schmerzlindernde Mittel machen die Beschwerden erträglich.

Arthritis

Symptome: Wechselnde bis hochgradige Lahmheit, vermehrte Wärme und Verdickung des oder der betroffenen Gelenke. Fieber, Apathie, Appetitlosigkeit.
Ursachen und Folgen: Infektion von Gelenken, die hauptsächlich durch Verletzungen, aber auch durch Keime, die über das Blut eingeschwemmt werden, entsteht und zur Zerstörung des Gelenkknorpels bzw. zur Versteifung der Gelenke führt. Durch Autoimmunvorgänge (→ Seite 95) können auch beim Hund rheumatische Gelenksbeschwerden (rheumatische Arthritis) hervorgerufen werden.

● **Behandlung**

▶ Der Tierarzt stellt die Diagnose anhand von Röntgenaufnahmen. Operative Gelenkseröffnung, desinfizierende Gelenkspülungen, Antibiotika und Analgetika (→ Fachbegriffe, Seite 114).
– Bei rheumatischer Arthritis werden entzündungshemmende und schmerzlindernde Mittel eingesetzt. Kortisonkuren bewirken deutliche Besserung.

Nachbehandlung: Gelenkspülungen durch den Tierarzt über 3 bis 5 Tage. Entzündungshemmende, schmerzlindernde und antibiotische Mittel eventuell über Wochen. Bei rheumatischer Veranlagung möglicherweise lebenslange Therapie.

■ Homöopathie bei Arthrosen

Bei Gelenksentzündungen sieht der homöopathisch ausgerichtete Tierarzt die Schmerzäußerung des Hundes – das Lahmgehen – als Hinweis, daß das betreffende Gelenk geschont werden soll. Wird der Schmerz mit »Schmerzmitteln« unterdrückt, damit der Hund das entzündlich veränderte Gelenk belasten kann, kommt es mittel- und langfristig zu weiteren Schädigungen im Gewebe. Lassen Sie den Hund für kurze Zeit lahmgehen und sorgen Sie dafür, daß das betreffende Gelenk so wenig wie möglich belastet wird. Mit homöopathischer Behandlung kann nicht nur eine weitere Verschlimmerung der Arthrose, sondern eine merkliche Besserung erzielt werden.

Basisbehandlung
Dosierung → Seite 39.
Bei allen Arthrosen gilt:
– Für Hunde bis 6 Jahre: Traumeel.
– Für ältere Hunde: Zeel.

Zusätzliche Mittel
Dosierung → Seite 39.
– Schultergelenk: Ferrum metallicum; Ferrum phosphoricum; Spirea ulmaria.
– Ellenbogengelenk: Ferrum metallicum; Colocynthis; Causticum; Hekla lava; Rhus toxicodendron; Mercurius praecipatus ruber.
– Hüftgelenk: Graphites (bei schweren Hunden); Calcium carbonicum; Rhus Toxicodendron, Pyrogenium und Bryonia (Hüfte sehr schmerzhaft, auch wenn sich der Hund nicht bewegt); ; Lithium carbonicum, Natrium carbonicum und Colchicum (der Hund hat kaum Schmerzen, wenn er sich nicht bewegt; es ist aber ein »Schneeballknirschen« im Gelenk zu hören; Folge von fehlender »Gelenkschmiere«, Lahmheit besonders bei Wetterumschwüngen).
– Kniegelenk: Asa foetida; Graphites; Bryonia; Rhus toxicodendron; Kalmia; Calcium carbonicum.

Vorbeugung: Auch bei kleinsten Verletzungen an Gelenken immer den Tierarzt aufsuchen.

Arthrosen

Symptome: Lahmheit der betreffenden Gliedmaßen, vor allem nach langem Liegen; in der Bewegung scheinen sich die Beschwerden zu bessern, treten aber nach Überbelastung wieder verstärkt auf.
Ursachen: Durch akute Gelenksentzündung, Über- oder Fehlbelastung, angeborene Mißbildungen (z.B. HD, → Seite 88) oder freie Knorpelstücke im Gelenk (→ Seite 91), aber auch durch na-

türliche Abnutzung im Verlauf des Lebens kommt es zu Knorpelschäden im Gelenk und in der Folge zu einer chronischen Gelenksveränderung (Arthrose).

● **Behandlung**

▶ Die genaue Diagnose stellt der Tierarzt durch Röntgenaufnahmen. Gegen die akuten Beschwerden helfen entzündungshemmende und schmerzlindernde Medikamente in Verbindung mit Kortisonkuren. Bei chronischen, stark schmerzhaften Beschwerden mit freien Knorpelstücken im Gelenk sind operative Reinigung und Spülung möglich. Kaum noch bewegliche Gelenke können operativ versteift werden, um die Schmerzen zu beseitigen. Das Bein kann durch die übrigen Gelenke aber noch bewegt werden.

Nachbehandlung: → Hüftgelenksdysplasie, Seite 89.
Vorbeugung: Mäßige, aber regelmäßige Bewegung; lieber 4mal eine Viertelstunde mit dem Hund spazierengehen als eine Stunde ohne Unterbrechung; übermäßiges Herumtoben, Ballspiel oder Stöckchenwerfen aber auch Übergewicht vermeiden, Hund nicht kalt und zu hart liegen lassen; Wärme durch Rotlichtbestrahlung, bei stärkeren Beschwerden Magnetfeld-Therapie beim Tierarzt. Zuchtausschluß von chronisch gelenkkranken Hunden oder Hunden mit vererbten Gelenkmißbildungen.

Knochentumoren

Symptome: Schmerzhafte Auftreibung am Knochen, Schmerzhaftigkeit und deutliche Lahmheit des betroffenen Beines. Bei Wirbelsäulenwucherungen Symptome wie bei Bandscheibenvorfall (→ Seite 94).
Ursachen und Folgen: Knochentumoren sind vorwiegend bösartige Wucherungen mit großer Neigung zur Ausstreuung über den gesamten Körper. Sie kommen überwiegend bei großen Hunderassen vor.

● **Behandlung**

▶ Die Diagnose stellt der Tierarzt durch Röntgenaufnahmen. Der betroffene Knochen sollte so schnell wie möglich im ganzen entfernt werden. Auch bei frühzeitiger Operation kommt es allerdings häufig zur Bildung von Metastasen (→ Fachbegriffe, Seite 117), so daß man sich eine Operation, die den Tumor sogar zur Ausstreuung zu aktivieren scheint, sehr überlegen sollte. Die Entscheidung, einen betroffenen Hund von seinen Qualen zu erlösen, hängt sehr davon ab, wieviel Lebensqualität für ihn – trotz aller Schmerzen und allgemeiner Beschwerden – noch vorhanden ist (Euthanasie, → Seite 113).

Rassenanfälligkeit: Vor allem Hunde großer Rassen wie Dogge, Dobermann, Berner Sennhund, Rottweiler, Boxer, Deutscher Schäferhund sind betroffen.

Eine ausgewogene Ernährung ist für die Gesundheit des Hundes sehr wichtig.

6

Bandscheibenvorfall

Symptome:
– Bei kleinerem Vorfall (Discopathie): Hund bleibt vor der Treppe sitzen, kann nicht auf Sessel springen; Aufschreien beim Hochheben; aufgekrümmter, verspannter Rücken; staksiger Gang; Lahmheit, Einbrechen eines oder beider Vorderbeine. Verspannter, auffällig gestreckter Hals.
– Bei schwerem Vorfall (Discusprolaps): Nach plötzlichem Aufschreien Lähmung der Hinterhand (erst steife, verkrampfte, dann schlaffe Beine); bei Vorfall im Halsbereich steife Lähmung vorne, schlaffe hinten.
Ursachen: Veranlagung sogenannter chondrodystrophischer Rassen, bei der das knorpelige Bandscheibengewebe ab 5 Jahren brüchig wird; oder bedingt durch Alterungsprozeß, ab 10 Jahren. Selten durch Unfall oder Verletzung.

● Behandlung

▶ Bei akutem Vorfall sofort zum Tierarzt. Den Hund im Korb oder auf einer festen Unterlage (Brett, Platte) transportieren, damit die Wirbelsäule nicht bewegt wird. Durch Röntgenaufnahmen, eventuell mit Kontrastdarstellung, stellt der Tierarzt Ort und Umfang des Vorfalles fest. Schmerzlindernde und entzündungshemmende Mittel, dazu Kortison und Vitamin B_{12}-Präparate. Bei komplettem Bandscheibenvorfall Operation binnen 24 bis 36 Stunden.

■ Homöopathie bei Bandscheibenvorfall

Dosierung → Seite 39.
– Bei blitzartig einschießenden Schmerzen (Hund macht einen »Katzenbuckel«): Colocynthis.
– Bei stark verspanntem Bauch (Hund zieht die Rute ein, ist sehr empfindlich bei Berührung): Nux vomica/Belladonna. Stündliche Eingabe.
– Anfallartige Schmerzen bei feucht-kalter Witterung: Rhus toxicodendron.
– Schmerzen im Halsbereich, beim Kopfschütteln (Hund läßt den Kopf hängen, bricht mit den Vorderbeinen ein): Gelsemium, Colocynthis.

Nachbehandlung: Schmerzlindernde und entzündungshemmende Mittel über 4 bis 6 Tage. 2mal täglich 15 Minuten Wärmebestrahlung mit Rotlicht (zu Hause möglich). Den Hund absolut ruhigstellen, eventuell mit Medikamenten. Nur wenn nötig »Gassigehen«, den Hund dabei über Treppen tragen.
Vorbeugung: Hunde mit Bandscheibenproblemen über Treppen, vor allem abwärts, tragen. Hinunterspringen, z.B. vom Sofa, unterbinden. Extremes Herumtoben vermeiden.
Rassenanfälligkeit: Rassen mit langem Rücken und kurzen Beinen wie Dackel (Dackellähme), Basset, Dachsbracke, Welsh Corgie, aber auch Pudel, Pekinese, Spaniel und Schnauzer.

Wirbelsäulenverknöcherung

Symptome: Anfangs aufgekrümmter Rücken, Schwierigkeiten beim Aufstehen, steifer, staksiger Gang, Schmerzen bei Berührung in der Lendenregion. Im fortgeschrittenen Zustand kaum noch schmerzhafte Schwächung der Hinterhand mit schleifendem Gang (mittlere Krallen sind abgerieben) und Muskelschwund.
Ursachen: Übermäßige Beweglichkeit zwischen Wirbeln und Wirbelgelenksfortsätzen durch »lockere« Bandscheiben.
Folgen: Verknöcherung der Wirbelsäule (Spondylose), Hinterbeine verlieren an Kraft, der Hund kann nicht mehr aufstehen.

● Behandlung

▶ Durch Röntgenaufnahmen stellt der Tierarzt die Diagnose. Mittel zur Schmerzlinderung und Entzündungshemmung, bei stärkeren Beschwerden Kortison über 3 bis 4 Tage; Wärmebestrahlung mit Rotlicht zur Muskelentkrampfung.

Nachbehandlung, Vorbeugung: Ruhe, wenig Bewegung. Extreme Belastungen sowie feuchte Kälte vermeiden.

■ Homöopathie

Dosierung → Seite 39.
Colocynthis, Zeel.
Rassenanfälligkeit: Bevorzugt bei Boxern (Bambuswirbelsäule).

Autoimmunerkrankungen der Muskulatur

Symptome: Verkrampfungen und Schwellungen der Muskulatur des Kopfes mit Vorfall des dritten Augenlides und Fieber. Schnelle Ermüdung, steifer, verkrampfter Gang, Muskelzittern, Zusammenbrechen nach geringer Anstrengung.
Ursachen: Durch Autoimmunvorgänge kommt es vor allem bei jungen Schäferhunden zu periodisch auftretenden Muskelentzündungen (Myositis) im Kopfbereich.
Bei alten Schäferhunden entsteht dadurch Übertragungsstörungen zwischen Nerven und Muskeln (Myasthenien), die eine allgemeine Muskelschwäche hervorrufen.

● Behandlung

▶ Diagnose und Therapie nur durch den Tierarzt. Er wird entkrampfende Mittel zur Linderung und Kortison gegen die Autoimmunkrankheit geben.

Nachbehandlung: Kortison über längere Zeit, anfangs in hoher, danach in möglichst geringer Dosierung – unter Umständen lebenslang.
Vorbeugung: Zuchtausschluß betroffener Tiere, da die Veranlagung offensichtlich vererbt wird.
Rassenanfälligkeit: Beide Erkrankungen treten vorwiegend beim Deutschen Schäferhund auf.

Epilepsie

Symptome: Umfallen, Zusammenbrechen, Zitterkrämpfe mit steif gestreckten Beinen und nach oben gestrecktem Kopf; Kaukrämpfe mit Schaumbildung des Speichels; Laufbewegungen der Beine im Liegen; weite Pupillen, Ohnmacht, bläuliche Verfärbung der Zunge durch vorübergehenden Atemstillstand.
Ursachen: Krämpfe durch Gehirnschäden infolge von Entzündungen, Verletzungen und Gehirnblutungen oder Tumoren. Epileptische Anfälle werden begünstigt und mitverursacht durch Blutleere im Hirn (bei Herzfehlern, → Seite 59), zu niedrigem Blutzuckerspiegel (bei Diabetes, → Seite 87) durch Hormone (Östrogen in der Läufigkeit) sowie durch schweren Nieren- oder Leberschaden (→ Seite 50) und durch verschiedene Gifte (z.B. Strychnin und Insektizide).

● Behandlung

Da Anfälle im Anfangsstadium meist nur 1 bis 2 Minuten dauern, also vorbei sind, bis Sie den Tierarzt auch nur angerufen haben, sollten Sie Ihren Hund beruhigen und während des Anfalls dafür sorgen, daß er sich nicht verletzt.

▶ Danach umgehend den Tierarzt aufsuchen. Bei epileptischen Dauerkrämpfen, die allerdings selten sind, wird ein Beruhigungsmittel gespritzt, um den Anfall zu unterdrücken.

Nachbehandlung: Als Dauerbehandlung über längere Zeit (Wochen bis Monate) müssen Medikamente, die die Anfälle unterdrücken (Antiepileptika), 2mal täglich als Tabletten gegeben werden. Gleichzeitig werden ursächliche Erkrankungen, z.B. Herzfehler, mitbehandelt. Meist ist eine lebenslange Therapie erforderlich.
Hinweis: Antiepileptika sind starke Beruhigungsmittel und machen den Hund müde, erhöhen aber auch den Durst und Appetit.
Vorbeugung: Extreme Anstrengung und Aufregung vermeiden. Auch übermäßige Freude und Herumtoben bei der Begrüßung kann einen Anfall auslösen.

■ Homöopathie

Vor Versuchen wird gewarnt. Bei Behandlung mit homöopathischen Mitteln wurde sogar eine Verschlimmerung der epileptischen Anfälle beobachtet.

Rassenanfälligkeit: Kommt gehäuft bei Schnauzer, Pudel und Dackel vor.

Die meisten Hunde sind nicht wasserscheu. Sie lieben geradezu das nasse Element und toben gerne darin oder tauchen sogar nach Steinen. Für das Fell ist diese Grundreinigung durchaus vorteilhaft. Auch tägliches Ins-Wasser-Gehen ist nicht schädlich. Oft gelangt das Wasser gar nicht an die Haut, weil das Fell aufgrund der Talgabsonderungen der Haut wasserabstoßend ist. Manche Hunde gehen selbst im Winter ins Wasser. Damit sie sich nicht erkälten, brauchen die Hunde anschließend genug Bewegung, bis ihr Fell wieder trocken ist.

Außergewöhnliche Erkrankungen

Schon im Welpenalter sind Hunde für die verschiedensten Infektionskrankheiten anfällig. Spulwürmer bekommt das Hundebaby in der Regel schon von der Hundemutter »mitgeliefert«. Aber auch andere Parasiten können dem Hund gefährlich werden. Geht der Hund mit auf Reisen in ein tropisches Land, besteht die Gefahr, daß er eine tropische Infektion mitbringt. Vor allem bei überzüchteten Moderassen kann es zu rassetypischen Krankheiten kommen.

Infektionskrankheiten

Infektionskrankheiten werden durch spezielle Erreger (Viren, Bakterien, Protozooen, → Fachbegriffe, Seite 118) hervorgerufen. Sie verursachen Krankheiten verschiedener Organe des Körpers und führen unbehandelt meist zum Tode. Schutz gegen diese Krankheiten bieten nur die vorbeugenden Impfungen. Deshalb ist es wichtig, daß Sie Ihren Hund rechtzeitig impfen lassen (→ Impfplan, Seite 20).Im folgenden werden die wichtigsten Infektionskrankheiten hauptsächlich im Hinblick auf Symptome und Krankheitsverlauf besprochen, da die Behandlungsmöglichkeiten sehr begrenzt sind.

Staupe

Carrésche Krankheit. Hochgradig ansteckende, fieberhafte Virusinfektion. Weltweit verbreitet. Hunde jeden Alters, vornehmlich aber junge Hunde, können daran erkranken.
Krankheitsverlauf: Staupe verläuft in 2 Fieberschüben; während der ersten Phase hält das hohe Fieber (bis 41 °C) 24 bis 48 Stunden an und sinkt dann auf Normaltemperatur (um 39 °C). Der Hund ist apathisch, hat schlechten Appetit, Durchfall und eine starke Bindehautentzündung. Die Krankheit bleibt in dieser Phase oft unerkannt. Erst nach einer Pause von 4 bis 7 Tagen, in der sich der Hund zu erholen scheint, kommt es zu einer zusätzlichen Infektion mit Bakterien; hohes Fieber (zweiter Fieberschub), Brechdurchfall, ständiger Husten, eitrige Augen und Nasenausfluß sind die Folgen. Neben einer Magendarmentzündung kommt es fast gleichzeitig zu einer Lungenentzündung. Erst nach Wochen kann obendrein eine Gehirnhautentzündung auftreten. Diese »Nervenstaupe« mit zunehmenden Beschwerden wie Muskelzuckungen und taumelndem Gang ist unheilbar. Hunde mit solchen Symptomen sollten rechtzeitig erlöst und eingeschläfert werden (→ Seite 113).
Behandlung: Nur im frühen Stadium kann der Tierarzt eventuell mit einem Immunserum helfen. Hat ein junger Hund die Staupe überstanden, kann es zu Störungen bei der Bildung des Zahnschmelzes kommen. Beim Zahnwechsel im Alter von 14 Wochen wachsen braunfleckige verkümmerte Zahnruinen nach (sogenanntes Staupegebiß).

Hepatitis

Ansteckende Leberentzündung der Hunde. Viruskrankheit mit weltweiter Verbreitung.
Krankheitsverlauf: Akute fiebrige Infektion mit hohem Fieber, Apathie und Tod innerhalb weniger Stunden. Bei langsamem Verlauf kommt es wie bei der Staupe zu 2 Fieberschüben mit ähnlichen Symptomen. Eine Lungenentzündung mit akuter Magen-Darmerkrankung

schwächt den Organismus zusehends. Typisch sind spontane Blutungen im Maul und im Auge. In der Folge milchig-bläuliche Eintrübung der Hornhaut. Durch eine Leberschwellung ist der Vorderbauch meist verspannt, verdickt und schmerzhaft.
Behandlung: Immunserum und zusätzlich Antibiotika; Hepatitis verläuft aber meist tödlich.

Parvovirose

Ansteckende Virusinfektion, die seit Anfang der 80er Jahre auch unter Hunden jeden Alters, bevorzugt aber bei jungen Hunden (6 Wochen bis 6 Monate) auftritt. Der Katzenseuche eng verwandt.
Krankheitsverlauf: Ständiges Erbrechen; schaumiger, hellblutiger, übelriechender Durchfall; Austrocknung des Gewebes, hohes Fieber im Wechsel mit Untertemperatur; Zittern, Apathie, schlechter bis fehlender Appetit. Bauchschmerzen, Bauchgrimmen. Im wesentlichen handelt es sich um eine akute Dünndarmentzündung, bei der die Darmschleimhaut zerstört wird. Welpen von 4 bis 10 Wochen können innerhalb von 1 bis 2 Tagen an Herzversagen sterben. Die Erkrankung dauert in schweren Fällen 1 bis 2 Wochen. Ist die erste Woche überstanden, sind die Hunde meist außer Lebensgefahr.
Behandlung: Immunseren helfen die Abwehrkräfte des Körpers etwas zu steigern. Anfangs sind Infusionen gegen das Erbrechen für das Überleben notwendig. Eine vorsichtig einsetzende Diät nach 2 Tagen Futterentzug scheint ganz entscheidend für die Heilung (→ Darm-Diät, Seite 24). Zusätzliche Gabe von Antibiotika und Mitteln, die den Darm entkrampfen, den Durchfall hemmen und das Erbrechen lindern. Eine strenge Hygiene ist nötig, damit der kranke Hund nicht andere Hunde ansteckt.

Tollwut

Viruserkrankung, die auch für den Menschen gefährlich werden kann. Anzeigepflichtig.
Krankheitsverlauf: Tollwut wird überwiegend durch den Biß eines tollwutkranken Tieres (über den Speichel) übertragen und verläuft meist tödlich. Der Virus befällt das Nervengewebe und verursacht schließlich eine Gehirnhautentzündung. Zwischen Ansteckung und Ausbruch der Krankheit können 14 Tage bis zu 1 Jahr vergehen.
Klassischer Krankheitsverlauf:

- Wesensveränderung des Hundes (einige Stunden bis 3 Tage). Er ist launenhaft, ängstlich, unruhig, bellt oder beißt unmotiviert, kratzt an der Übertragungsstelle (Bißwunde).
- »Rasende Wut« (1 bis 4 Tage) mit zunehmender Unruhe und Aggressivität; Zerbeißen von Gegenständen, Appetitlosigkeit, starkes Speicheln, Unfähigkeit zu trinken, langgezogenes Heulen, schwankender Gang, epileptische Anfälle.
- Depression mit zunehmender Erschöpfung und Lähmungszuständen; Tod nach 3 bis 4 Tagen.

Anstelle der »rasenden Wut« kommt auch die »stille Wut« vor. Der Hund hat einen teilnahmslosen Blick mit ungleich großen Pupillen; starkes Speicheln und hängender Unterkiefer. Tod nach 2 bis 4 Tagen.
Behandlung: Nicht möglich. Bei Verdacht auf Tollwut müssen nicht geimpfte Hunde nach Beobachtung in Quarantäne getötet und untersucht werden.

Leptospirose

Stuttgarter Hundeseuche. Durch Bakterien (sogenannte Leptospiren) hervorgerufene Infektion, die vorwiegend von Mäusen und Ratten übertragen wird. Für den Menschen ansteckend.
Krankheitsverlauf: Erbrechen, Durchfall, übermäßiges Trinken, Gelbsucht, zentralnervöse Störungen (→ Fachbegriffe, Seite 119), Husten und Atemnot. Niere, Leber, Magen-Darm, Lunge, Herz, Gehirn oder Augen können befallen werden.
Behandlung: Leptospirose ist in leichten Fällen heilbar, da die Erreger mit Antibiotika relativ gut behandelt werden können.

Zwingerhusten
Durch mehrere Viren, zum Beispiel auch dem Grippevirus des Menschen verursachte Infektion beim Hund.
Krankheitsverlauf: Reizhusten mit spuckendem Geräusch, das auf Rachen- und Kehlkopfentzündung hinweist; Nasenausfluß, Bindehautentzündung, heiseres Bellen. Kommt vorwiegend nach Aufenthalten in Tierheimen oder Tierpensionen vor. Zwingerhusten tritt vor allem im Frühjahr und Herbst auf.
Behandlung: Stillen des Hustenreizes mit codeinhaltigen Präparaten, Entschleimung mit Sekretolytika (→ Fachbegriffe, Seite 119). Schwerere Erkrankungen der Lunge können durch Antibiotika verhindert werden. Die Erkältung heilt nach 1 bis 2 Wochen meist ohne Folgen aus.

Tuberkulose
Infektion durch Bakterien. Kann vom Menschen auf den Hund übertragen werden. Kommt beim Hund sehr selten vor; eine vorbeugende Impfung für den Hund gibt es nicht.
Krankheitsverlauf: Fieberschübe, Kurzatmigkeit, Mattigkeit, Freßunlust, tiefer quälender Husten, Abmagerung; in fortgeschrittenem Stadium Erbrechen, Durchfall, Gelbsucht. Tuberkulose befällt alle Organe, am häufigsten Lunge und Darm.
Behandlung: Sehr aufwendig. Der Hund muß bis zu 1 Jahr mit teuren Medikamenten behandelt werden. Es besteht ständig Infektionsgefahr. Ist beim Hund Tuberkulose nachgewiesen, muß die gesamte Wohngemeinschaft ärztlich untersucht werden.

Salmonellose
Infektion durch Bakterien. Sehr geringe Ansteckungsgefahr für den Menschen. Eine vorbeugende Impfung des Hundes ist nicht möglich.
Krankheitsverlauf: Brechdurchfälle, zum Teil mit Blut; Apathie, Fieber, Austrocknung des Gewebes, Hinfälligkeit. Die Ansteckung erfolgt vorwiegend über rohes Fleisch (Geflügel) und Krankheitserreger im Kot anderer Tiere (Tauben, Enten). Ist der Körper des Hundes sehr widerstandsfähig, muß die Krankheit nicht unbedingt zum Ausbruch kommen.
Behandlung: Diät (→ Seite 24) und Antibiotika.

Wundstarrkrampf
Tetanus. Infektion durch Bakterien, die in Hautwunden eindringen, sich vermehren und Nervengifte abgeben. Kommt beim Hund selten vor, weshalb eine vorbeugende Impfung nicht nötig ist.
Krankheitsverlauf: Anfangs Verkrampfung der Muskulatur am Kopf, da die Gifte über die Nervenbahnen ins Rückenmark und bis zum Gehirn wandern. Es bilden sich Längsfalten auf der Stirn, die Ohren sind steil aufgestellt, die Mundwinkel nach hinten gezogen, die Lidspalten verengt; starker Speichelfluß, da der Hund nicht schlucken kann. Mit fortschreitender Krankheit hohes Fieber

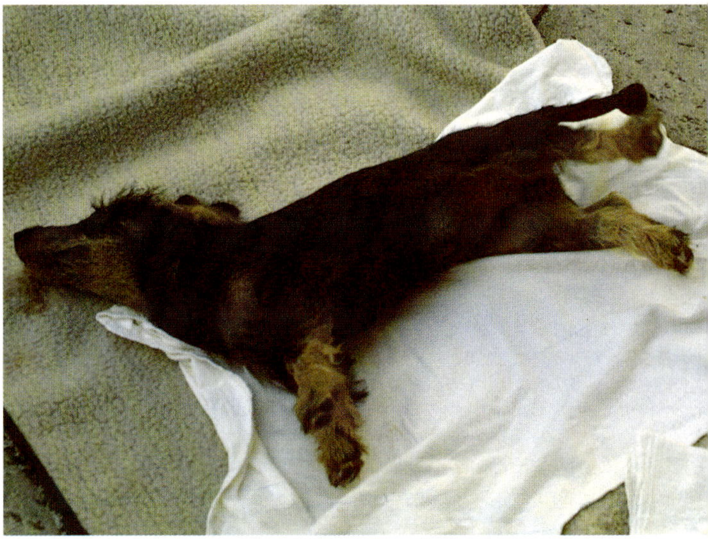

Hund mit Tetanus. Die Muskulatur ist völlig verkrampft.

durch permanenten Muskelkrampf, steife Rute, staksig-steifer Gang, auf der Seite liegen.
Behandlung: Tetanusseren und Antibiotika, Ernährung über eine Sonde (wegen der Schlucklähmung) und Verabreichen starker Beruhigungs- und Narkosemittel gegen die Verkrampfungen (Heilschlaf über 1 bis 2 Wochen) erhöhen die Heilchancen. Trotzdem verläuft Wundstarrkrampf beim Hund gelegentlich auch tödlich.

Toxoplasmose

Infektion durch kleinste tierische Lebewesen (Protozooen, → Fachbegriffe, Seite 118). Hund und Mensch können betroffen sein.
Krankheitsverlauf: Die lebenden Krankheitserreger kommen im Dünndarm von Katzen vor. Hund und Mensch infizieren sich auch über die im Katzenkot enthaltenen Eier, vorwiegend aber über rohes Fleisch, vor allem von Schwein, Schaf und Ziege. Welpen und Junghunde können schwere Infektionen mit Husten, eitrigem Nasenausfluß, Brechdurchfällen, Gelbsucht, Herz- und Augenerkrankungen bekommen. Bei chronischem Verlauf kann es wie bei der Staupe zu Gehirnhautentzündungen kommen.
Behandlung: Ist die Krankheit noch nicht zu weit fortgeschritten, können mit Sulfonamid- und Antibiotika-Kuren (→ Fachbegriffe, Seite 119 und 114) über 2 bis 3 Wochen gute Erfolge erzielt werden.

Durch Parasiten verursachte Krankheiten

Es gibt zwei Sorten von Parasiten:
- Ektoparasiten (Flöhe, Läuse, Milben, Zecken) befallen den Körper von außen und führen zu allergischer Reaktion der Haut mit starkem Juckreiz (→ Seite 78 bis 87).
- Endoparasiten kommen im Darm und anderen Organen vor und führen meist zu chronischen Erkrankungen dieser Organe (→ jeweilige Krankheits-Kapitel). Im folgenden werden für die häufigsten Endoparasiten typische Symptome, Ansteckungsmöglichkeiten und eventuelle Übertragbarkeit auf den Menschen genannt.

Spulwürmer

Nachweis: 10 bis 15 cm lange, spaghettiähnliche Würmer (Askariden) im Kot und im Erbrochenen oder Nachweis von Eiern in der Kotprobe. Leben im Dünndarm.
Symptome: Abmagerung, Durchfall mit Blähungen, Blutarmut und Entwicklungsstörungen. Durch Wanderung der Larven Bronchitis und Lungenentzündung möglich.
Ansteckung: Vorwiegend schon im Mutterleib über das Blut. Welpen haben ab der 4. Lebenswoche Würmer im Kot.
→ Entwurmung, Seite 21.
Übertragung auf den Menschen: Über den Kot bzw. die Wurmeier möglich.

Hakenwürmer

Nachweis: Hackenförmige Würmer oder Wurmeier im Kot. Die Würmer leben als Blutsauger in der Dünndarmschleimhaut.
Symptome: Blutiger Durchfall und blasse Schleimhäute.
Ansteckung: Über die Nahrung, aber auch über das Einbohren von Larven in die Haut, bei Welpen ab der 3. Woche über die Muttermilch. Wandernde Larven verursachen gelegentlich Lungenprobleme.
→ Entwurmung, Seite 21.
Übertragung auf den Menschen: Äußerst selten, da der Mensch einen eigenen Haken(Gruben-)wurm hat.

Peitschenwürmer

Nachweis: Peitschenförmige Würmer oder Wurmeier im Kot.
Symptome: Zum Teil blutiger Durchfall und allgemeine Schwäche vorwiegend bei Welpen.
Ansteckung: Über das Futter. Peitschen- und Hakenwürmer kommen in Zwingern und Händlerställen gehäuft vor.
→ Entwurmung, Seite 21.
Übertragung auf den Menschen: Äußerst selten, da der Mensch einen anderen Peitschenwurm hat.

Kokzidien

Nachweis: Im Kot mikroskopisch nachweisbar. Leben im Dünndarm.
Symptome: Schleimig-blutige Durchfälle, vor allem bei Welpen und Junghunden.
Ansteckung: Über infizierten

Kot anderer Hunde oder durch Mäuse, die der Hund frißt.
Behandlung: Sulfonamide und Antibiotika, am besten in 2 Kuren über jeweils 5 bis 6 Tage mit einer Pause von 6 Tagen dazwischen.
Übertragung auf den Menschen: Nicht möglich.

Bandwürmer
Nachweis: 5 bis 10 mm große, weißliche, sich bewegende Bandwurmglieder im Kot und in den Haaren um den After.
Symptome: Struppiges Fell, wechselnde Durchfälle, Abmagerung – trotz Appetit, analer Juckreiz.
Ansteckung: Überwiegend durch Verzehr von rohem Fleisch und Innereien von Rind, Ziege, Schaf, Rotwild, aber auch durch das Fressen von Mäusen, Ratten und Flöhen. Diese Zwischenwirte können sich dann wieder durch Hunde-, Katzen- oder Fuchskot infizieren. Der häufigste Bandwurm beim Hund hat den Floh als Zwischenwirt. Deshalb bei Flohbefall immer auch entwurmen. Der sogenannte Fuchsbandwurm, dessen Gefahr für den Menschen weit übertrieben wird, kommt beim Hund äußerst selten vor. → Entwurmung, Seite 21.
Übertragung auf den Menschen: Der Mensch kann als Fehl-Zwischenwirt »irrtümlich« durch Kontakt mit Wurmeiern aus Hunde-, Katzen- oder Fuchskot befallen werden. Bei üblicher Hygiene aber sehr selten.

Lungenwürmer
Nachweis: Larven der Lungenwürmer im Kot.
Symptome: Bronchitis und eitrige Lungenentzündung (→ Seite 55).
Ansteckung: Durch Larven im Kot anderer Hunde.
Behandlung: Injektionen mit geeigneten Parasiten-Mitteln können solche chronisch erscheinenden Lungenbeschwerden heilen.
Übertragung auf den Menschen: Nicht möglich.

Importierte Krankheiten

Durch Reisen in subtropische und tropische Regionen kommt es nicht nur bei Menschen, sondern auch bei Hunden zu tropischen Infektionen. Vorwiegend sind aus diesen Regionen importierte Hunde betroffen. Bei den Erregern handelt es sich um winzige Blutparasiten (Protozooen, → Fachbegriffe, Seite 118), die durch Fliegen, Mükken oder Zecken übertragen werden und häufig zu chronischen Krankheiten führen.

Leishmaniose
Erreger: Winzige Geißeltierchen, die im Blut von Hunden leben. Übertragung durch Sandfliegen oder über offene Wunden.
Verbreitung: Mittelmeerraum, Nordafrika, Südfrankreich, Norditalien bis Südschweiz.
Symptome: Haarausfall, übermäßige Schuppenbildung, Ekzeme am ganzen Körper, Lymphknotenschwellungen, Fieberschübe, allgemeine Schwäche, Abmagerung, aufgedunsener Bauch. 3 bis 6 Monate Inkubationszeit (→ Fachbegriffe, Seite 116).
Behandlung: Sehr aufwendig und nur im Anfangsstadium erfolgreich. Häufiges Wiederaufblühen der Erkrankung.
Übertragung auf den Menschen: Ansteckungsgefahr über kleine Kratzer und Wunden! Bei fortgeschrittener Erkrankung das Einschläfern des Hundes erwägen.

Babesiose (Piroplasmose)
Erreger: Winziger Einzeller, der die roten Blutkörperchen befällt und Blutarmut erzeugt. Übertragung durch Zecken.
Verbreitung: Tropische und subtropische Länder, Mitteleuropa bis Norditalien und Südschweiz.
Symptome: 10 bis 20 Tage nach der Ansteckung Mattigkeit, Schwäche, hohes Fieber in Schüben, blasse Schleimhäute, dunkler Urin, Gelbsucht.
Behandlung: Babesiose ist mit entsprechenden Antibabesienmitteln durchaus heilbar. Die vorbeugende Impfung (Schutz für 6 Wochen) kann nur schwere Fälle mit tödlichem Verlauf verhindern.
Übertragung auf den Menschen: Nicht möglich.

Rikettsiose (Ehrlichiose)
Erreger: Winziger Einzeller, der

weiße Blutkörperchen befällt und Immunschwäche hervorruft. Übertragung durch Zecken.
Verbreitung: Tropische und subtropische Länder, Mitteleuropa bis Norditalien und Südschweiz.
Symptome: Rikettsien kommen häufig zusammen mit Babesien vor und erzeugen entsprechende Symptome mit ähnlichem, aber intensiverem Krankheitsverlauf.
Behandlung: Mit Antibabesienmitteln oder Antibiotika durchaus heilbar.
Übertragung auf den Menschen: Nicht möglich.

Herzwurmkrankheit
Erreger: 1 mm dicker, bis 25 cm langer Wurm, der in der rechten Herzvorkammer und den ableitenden Lungenarterien vorkommt und zu erheblichen Herz- und Lungenbeschwerden führt. Die Larven werden von Stechmücken übertragen.
Verbreitung: Vorwiegend in Sumpfgebieten im südlichen Nordamerika und Mittelamerika, aber auch im Mittelmeerraum.
Symptome: Leistungsabfall, Husten, Herz- und Kreislaufprobleme mit Lungenstau, Atmung und Puls beschleunigt.
Behandlung: Gegen ausgewachsene Würmer wirkt ein Arsenpräparat, das der Tierarzt spritzt. Zur Vorbeugung Tabletten 1mal monatlich.
Übertragung auf den Menschen: Nicht möglich.

Rassetypische Krankheiten

Züchterehrgeiz und Besitzerstolz haben im Lauf der Zeit immer ausgefallenere Hunderassen hervorgebracht – extrem kleine, plattschnauzige oder kurzbeinige, zu üppig oder gar nicht behaarte, zu große und zu schwere. Daß sich dadurch Erbkrankheiten entwickelten, nahm man billigend in Kauf. Erst durch das Tierschutzgesetz von 1986 wurde diese Art von »Defektzucht« offiziell verboten. Es ist zu hoffen, daß das Bestreben, nicht nur schöne, sondern auch gesunde Hunde zu züchten, zunimmt. Im folgenden sind die Rassen zusammengefaßt, die durch Zucht in zu eng verwandten Linien an typischen Krankheiten leiden. Lesen Sie auch die Krankheitsbeschreibungen nach. Die Anfälligkeit bestimmter Rassen wird bei der jeweilige Krankheit aufgeführt.

Zwergrassen
Zwergformen von Yorkshire-Terrier, Shi-Tzu, Chihuahua, Rehpinscher, Pudel, Schnauzer leiden häufig unter
- Mißbildungen im Knie- und Hüftgelenk (→ Seite 88 bis 93);
- Zusammenklappen der Luftröhre durch mißgebildete Knorpelstützringe (→ Seite 54);
- unvollständigem Zahnwechsel, Neigung zu Parodontose (→ Seite 40).
- Problemen bei der Geburt durch zu enges Becken.

Kurzschnauzige Rassen
Mops, Pekinese, Bostonterrier, französischer Bullie neigen zu
- Atembeschwerden und Nasenschleimhautentzündungen (→ Seite 52) durch die gestauchte Nase;
- Erkrankungen im Rachen- und Kehlkopfbereich (→ Seite 53). Erstickungsgefahr bei Aufregung und Hitze durch den zu engen Rachen, das zu lange Gaumensegel und die mächtige Zunge.
- Geburtsproblemen durch zu großen Kopf der Welpen.

Ausgefallene Extremzucht
Dem chinesischen Faltenhund Shar-Pei (→ Zeichnung, Seite 78) wurden übermäßig viele Hautfalten angezüchtet:
- Erkrankungen der Augen wegen zu enger Lidspalte (→ Seite 75);
- Nässende Ekzeme zwischen den Hautfalten (→ Seite 80).

Große Rassen
Die Leiden großer Hunde wie Deutscher Schäferhund, Bernhardiner, Basset, Berner Sennhund, Mastino, Dogge sind:
- Mißbildungen des Hüft- und Ellbogengelenks (→ Seite 88 und 91);
- Bandscheibenvorfälle (→ Seite 94);
- Herzfehler (→ Seite 59);
- Bindehautentzündung bei Hunden mit »Triefaugen« wegen zu weiter Lidspalte (→ Seite 75);

Verhaltensprobleme

Der Hund beißt die Familienmitglieder, ist ein notorischer Raufer, oft tagelang streunend unterwegs oder bringt die Nachbarn durch sein Kläffen zur Rage – kurz, er verhält sich so, daß der Mensch das Zusammenleben mit ihm als problematisch empfindet. Man spricht von Verhaltensproblemen oder Verhaltensstörungen.
Die Probleme entstehen durch Überzüchtung, Störungen der Prägephase im Welpenalter, falsche Haltung und Erziehung –meistens aber deshalb, weil die Besitzer zu wenig vom Wesen ihres Hundes wissen und daher falsch mit ihm umgehen.

Verhaltensstörungen vermeiden
Hunde sind Rudeltiere und als solche streng an eine Rangordnung gewöhnt. Innerhalb seines »Rudels«, der Familie, will der Hund seine Position ganz klar definiert wissen: Er braucht eine Autorität, der er sich unterordnen kann. Das heißt nun nicht, daß man ihn zum geprügelten, geknechteten Wesen machen soll – im Gegenteil. Auch überängstliche Hunde, die oftmals zu Angstbeißern werden, sind gestörte Hunde.
Artgerechte Hundeerziehung ist liebevoll, aber konsequent. Sie setzt Lob und Strafe als Mittel ein, verstärkt erwünschtes Verhalten positiv und verbindet unerwünschtes Verhalten mit einer unangenehmen Erfahrung, die schon darin bestehen kann, daß der Hundebesitzer laut und ärgerlich auf den Hund einspricht. Die körperliche Strafe, die der Hund versteht, besteht nicht in Schlägen, sondern im kurzen Schütteln am Nakken, mit dem auch die Hundemutter ihre Welpen erzieht.
Die Natur des Hundes liegt darin, daß er ein Leben lang versucht, die Rangordnung im Ru-

Beim Raufen beachten Hunde ganz bestimmte Regeln. Ein Hund, der sich auf den Rücken wirft, signalisiert, daß er sich ergibt.

del anzufechten und sich in eine höhere Position innerhalb der Gemeinschaft zu setzen. Wenn es dem Menschen nicht gelingt, sich selbst immer wieder als »Rudelführer« zu behaupten, wird der Hund sich in diese Rolle begeben und die Familie binnen kurzem beherrschen und tyrannisieren. Man spricht von sogenannten »Dominanz-Aggressionen«, das heißt, der Hund führt sich auf, als sei er der Chef, verteidigt gewisse Bereiche (das Sofa, die Küche), knurrt und beißt gar. Einfache Erziehungsmittel helfen zu vermeiden, daß es so weit kommt: Wenn Sie merken, daß der Hund nicht mehr folgen will, daß er Grenzen überschreitet, die er kennt, also zum Beispiel plötzlich auf dem Sofa sitzen will, obwohl ihm das verboten ist, setzen Sie Übungen ein, bei denen der Hund sich unterordnen muß. Wiederholen Sie die Übungen »Sitz«, »Komm her«, »Warten«, die der Hund schon als Welpe gelernt hat, und bestehen Sie konsequent auf deren Ausführung. Loben Sie den Hund, wenn er gefolgt hat, strafen Sie ihn, wenn er die Übung nicht ausführt. Folgt der Hund nicht mehr, wenn er außerhalb Ihrer Reichweite ist, werfen Sie ihm einen Gegenstand nach, der ihn trifft, aber nicht verletzt (zum Beispiel einen Tennisball), und zeigen Sie ihm so, daß er unter Ihrer Kontrolle steht.

Verhaltensprobleme behandeln
Haben sich bereits massive Verhaltensprobleme wie Aggression gegen andere Hunde und Menschen, Zerstörungswut, Ausbrechen und Streunen etabliert, sollten Sie den Rat Ihres Tierarztes suchen; manchmal kann er operativ (→ unten) oder medikamentös helfen. Geht es um Erziehungsprobleme, wird er Ihnen eine Hundeschule empfehlen. In Großstädten gibt es auch Tierpsychologen. Konsequente Umerziehung kann zur Lösung des Verhaltensproblems nötig sein. Man sollte sich hierbei der Hilfe eines Fachmannes bedienen. Wer es so weit hat kommen lassen, daß der Hund sich seiner Kontrolle entzieht, ist meist zu weich, um die Fehler selbst mit aller Konsequenz zu korrigieren. In jedem Fall müssen beide, Hund und Besitzer, umlernen. Bei besonders problematischen Verhaltensweisen können Fachleute Erfolge verbuchen, wenn sie den Hund mit einem Halsband trainieren, über das elektrische Impulse zugeführt werden. Dieses Mittel sollte der Laie jedoch nie ohne fachkundige Beratung einsetzen.

Kastration – die Lösung vieler Probleme
Amerikanische Untersuchungen haben bewiesen, daß die Kastration (→ Fachbegriffe, Seite 117) des Rüden bei bestimmten Verhaltensproblemen Erfolg bringt. So besserte sich zum Beispiel die Aggression zwischen Rüden bei etwa 60% der Tiere, das Streunen bei etwa 90%, auch bei übersteigertem Geschlechtstrieb und Urinmarkieren ist mit deutlicher Besserung zu rechnen.

Das regelmäßige Wiederholen bekannter Übungen ist eine gute Erziehungshilfe.

Läufigkeit und Geburt

Jetzt sind wir eine Großfamilie: Nelli hat uns vier Welpen geschenkt, schwarze winzige Wesen, jedes kaum eine Handvoll Leben. Ganz leise treten wir an die Wurfkiste und schauen, wie sie die Kleinen schleckt, die nach dem Trinken mit vollen Bäuchlein von ihr abfallen und schlafen. Nur um ihr »Geschäft« zu machen, verläßt Nelli den Korb. Sofort kommt sie zurück, und es scheint, als zähle sie ihre Kinder. Nelli ist eine gute Mutter, da sind wir sicher. Und wir werden das Unsere tun und dafür sorgen, daß unsere kleinsten Familienmitglieder gute Plätze bekommen.

Läufigkeit

Im Alter von 6 bis 9 Monaten erreicht die Hündin die Geschlechtsreife. Danach wird sie zweimal im Jahr läufig.
Während dieser Zeit und nur dann ist sie paarungsbereit. Die Läufigkeit dauert 2 bis 3 Wochen, man unterscheidet zwei Phasen in ihrem Verlauf:

- Während der »Vorbrunst«, die etwa 10 Tage lang anhält, verhält sich die Hündin unruhig, aus der Scheide tritt blutiger Ausfluß. Die Rüden der Umgebung fangen bereits Geruchssignale auf und nähern sich der Dame höchst interessiert. Diese jedoch weist alle Annäherungsversuche ab, sie ist noch nicht soweit.
- Das ändert sich, wenn sie in die »Hochbrunst« kommt. Die Blutung läßt nach, die Hündin zeigt sich den Freiern geneigt: Sie läßt sich bereitwillig beschnuppern, bleibt stehen und legt den Schwanz zur Seite, wenn ein Rüde ihre Zustimmung findet. Sie ist eindeutig paarungsbereit. Wenn man keinen Nachwuchs will, heißt es in dieser Phase aufpassen.

Paarung

Laien erstaunt es immer wieder zu sehen, daß die Hunde bei der Paarung zusammenhängen. Und das über einen Zeitraum von 15 bis 30 Minuten! Man darf sie in dieser Phase auf keinen Fall gewaltsam trennen – das wäre für die Tiere äußerst schmerzhaft und würde zu Verletzungen und Blutungen führen.
Eine Hündin ist über ein paar Tage paarungsbereit. Wird sie

Beim Deckakt bleiben Rüde und Hündin 15 bis 30 Minuten aneinanderhängen. Nie gewaltsam trennen!

in dieser Zeit von mehreren Rüden gedeckt, so kann es durchaus vorkommen, daß in einem Wurf Kinder unterschiedlicher Väter zur Welt kommen.

Die Schwangerschaft
In der 3. bis 4. Woche kann der Tierarzt durch Tasten feststellen, ob die Hündin trächtig ist. Ab der 6. Woche verschafft eine Röntgenaufnahme Klarheit darüber, wieviele Welpen zu erwarten sind. Einige Kliniken bieten seit neuestem auch die Möglichkeit zur Ultraschalluntersuchung.
Ernährung: Die Hündin trägt 60 bis 65 Tage. In dieser Zeit wird sie täglich träger, verfressener und dicker. Um ihre Gesundheit und die der Kinder zu erhalten, ist es nötig, sie in dieser Zeit besonders gut zu ernähren. Sie braucht das Doppelte bis Dreifache der Ration, die sie normalerweise bekommt. Ihr Futter muß besonders viele Mineralien, Spurenelemente und Vitamine erhalten (→ Seite 14 und 15). Besonders gegen Ende der Schwangerschaft und in der Zeit, in der die Hündin Milch gibt, müssen Sie auf die Zufütterung vor allem von Kalzium achten. Beim Tierarzt und im Zoofachhandel erhalten Sie eine Vitamin-Mineralstoff-Mischung, die Sie dem Futter zusetzen können.
Gegen Ende der Schwangerschaft beginnt die Hündin mit dem Nestbau, deshalb muß rechtzeitig eine Wurfkiste (→ Seite 107) bereitstehen.

Scheinträchtigkeit
Erste Anzeichen einer Scheinträchtigkeit können etwa 2 Monate nach der Läufigkeit auftreten: Die Hündin verhält sich, als würde sie Welpen aufziehen. Bei Rudeltieren wie den Wölfen, den Vorfahren der Hunde, hat die Scheinträchtigkeit ihre Funktion: Fällt eine Mutter aus, steht immer eine Amme bereit, die die Kinder ernährt und aufzieht. In der heutigen Lebenssituation unserer Hunde hat die Scheinträchtigkeit eher krankmachende Wirkung (→ Seite 72): Milch schießt ein, und es ist niemand da, der sie absaugt. Daher bilden sich im Gesäuge häufig Entzündungen, die Knötchen hinterlassen. Im Alter können sich daraus Tumoren und letztlich auch Krebsgeschwüre entwickeln. Wenn eine Hündin nach jeder Läufigkeit scheinträchtig wird, empfiehlt sich die Kastration (→ Fachbegriffe, Seite 117) als krebsvorbeugende Maßnahme.

Vorbereitungen auf die Geburt
Um die Jungen auf die Welt zu bringen und sie aufzuziehen, braucht die Hündin einen Platz, an dem sie ungestört ist. Stellen Sie bereits während der Schwangerschaft eine Wurfkiste bereit, damit die Hündin sich an diesen Platz gewöhnen kann.

Unermüdlich turnen die Kleinen auf der Mutter herum, bis ihr die spitzen Zähnchen und Krallen lästig werden.

Die Wurfkiste können Sie selbst aus Brettern bauen. Für kleine Hunde eignet sich auch ein großer Korb. Als Faustregel gilt, daß die Kiste in der Höhe ein Drittel der Schulterhöhe der Mutter haben soll. Von der Fläche her soll sie dreimal so groß sein wie der Körper der liegenden Hündin. In Korb oder Kiste legen Sie eine Decke, die aber keine Fransen oder Löcher haben darf, damit sich die Welpen nicht darin verfangen.
Eine Wärmelampe mit einer 150 Watt starken Infrarotbirne sollte über der Wurfkiste installiert werden. Bringen Sie die Lampe im Abstand von 50 bis 80 cm vom Boden der Kiste an und befestigen Sie sie so, daß die Hündin sie nicht umwerfen kann. Diese Lampe ist wichtig, da die Kleinen in den ersten Lebenswochen ihre Eigentemperatur nicht halten können und daher einen dauernden Wärmespender brauchen, vor allem, wenn die Mutter die Wurfkiste häufig verläßt.

Die Geburt

Eine gesunde Hündin schafft die Geburt ihrer Kinder in der Regel problemlos, und ohne daß der Mensch dabei eingreift. Allerdings gibt es bestimmte kleingezüchtete Rassen wie Yorkshire und Pekinese, die nicht in der Lage sind, auf natürliche Weise zu gebären. Wenn Ihr Hund zu dieser Risikogruppe gehört, sprechen Sie mit Ihrem Tierarzt. Es wird eventuell ein Kaiserschnitt nötig.
Die normal verlaufende Geburt: Die Hündin preßt im Abstand von 1/2 bis 1 Stunde je ein Junges heraus. Sie frißt die Fruchthülle und die ringförmige Plazenta auf, die das Neugeborene umhüllen, und beißt die Nabelschnur durch (→ Bild 1 bis 4). Daß die Hündin die Nachgeburt frißt, hat seinen Sinn: Die Plazenta enthält Hormone, die die Geburt vorantreiben und die Milchbildung anregen. Durchs Abschlecken regt die Mutter den Kreislauf der Babies an, die zwar noch blind sind, aber trotzdem sofort instinktsicher auf die Zitzen zusteuern.

Nötiges Eingreifen: Auch wenn die Geburt normal verläuft, sollten Sie die Hündin beobachten. Anlaß zum Eingreifen gibt es, wenn die Mutter die durchsichtige Fruchthülle, die das Baby einhüllt, nicht selbst entfernt. Dann besteht die Gefahr, daß das Kleine erstickt. Öffnen Sie die Hülle, geben Sie der Hündin die Plazenta zum Fressen und durchtrennen Sie die Nabelschnur mit einer Schere, wobei Sie ein Stück von 2 bis 3 cm stehenlassen. Legen Sie den Welpen dann der Mutter zum Abschlecken hin.
Ebenfalls reagieren müssen Sie, wenn der Abstand zwischen den Geburten der Welpen mehr als eine Stunde beträgt. Durch die Voruntersuchung beim Tierarzt wissen Sie wahrscheinlich, wieviele Junge zu erwarten sind. Rufen Sie den Arzt an, wenn nichts mehr vorangeht. Es könnte sein, daß einer der Welpen zu groß ist oder querliegt.

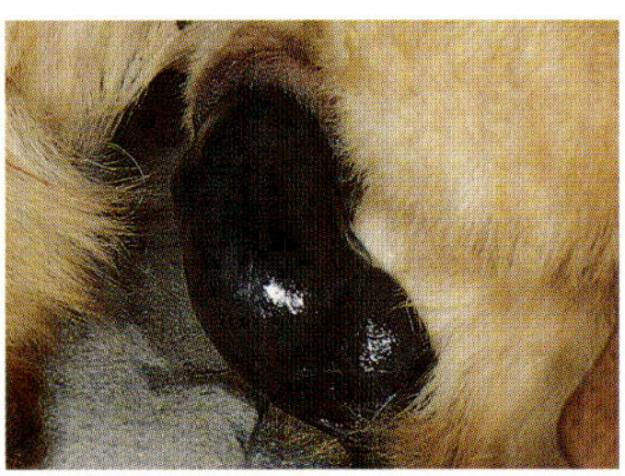

1 | Der herausgepreßte Welpe ist noch von der Fruchtblase eingehüllt.

2 | Die Mutter beißt die Eihüllen auf und schlingt sie herunter.

3 | Die Hündin durchbeißt die Nabelschnur und schleckt den Welpen sauber.

Aufzucht der Welpen

In den ersten 4 Wochen versorgt die Hündin ihre Jungen ganz alleine. Sie sollten nur kontrollieren, ob wirklich alle Welpen Milch bekommen und die Stärkeren nicht die Schwächeren wegdrängen. Vor allem die Milch, die die Hündin in den ersten Tagen nach der Geburt gibt, die sogenannte Kolostralmilch, ist sehr wichtig für die Widerstandskraft der Welpen.
Ab der 5. Woche müssen Sie zufüttern und sich nun auch um die Sauberkeit in der Wurfkiste kümmern. Sobald die Jungen Fremdfutter bekommen, frißt die Hündin den Kot der Kleinen nicht mehr auf. In der 6. Woche wird entwurmt; nach der 2. Entwurmung kommt in der 8. Woche die 1. Impfung (→ Seite 21). Sie können die Jungen dann im Alter von 8 bis 9 Wochen an ihre neuen Besitzer abgeben.

Nachwuchs nicht erwünscht

Um es gleich vorwegzunehmen: Es ist nicht richtig, daß eine Hündin aus gesundheitlichen Gründen unbedingt einmal Nachwuchs bekommen soll. Es gibt viele Gründe, warum ein Hundebesitzer keine Welpen möchte – nicht zuletzt den, daß die Tierheime voll sind von armen herrenlosen Hunden.
Wer also verhindern möchte, daß seine Hündin schwanger wird, hat verschiedene Möglichkeiten:

- Wenn es schon »passiert« ist, gibt es beim Tierarzt die Spritze danach. Das sind 3 Hormonspritzen, die im Abstand von je 2 Tagen im Notfall verabreicht werden können, aber nicht als Dauerlösung nach jeder Läufigkeit eingesetzt werden dürfen. Zu groß ist die Gefahr der Gebärmutterentzündung und der Entstehung von Eierstockzysten und Tumoren.
- Vorbeugen ist in jedem Fall besser. Die vorbeugende Spritze, regelmäßig alle 4 bis 5 Monate gegeben, verhindert, daß die Hündin läufig wird. Diese Spritze ist allerdings auch keine perfekte Lösung. Durch die stete Gabe von Hormonen erhöht sich die Wahrscheinlichkeit, daß sich Tumoren an den Eierstöcken bilden oder Brustkrebs entsteht.
- Die Kastration, die häufig auch verharmlosend als Sterilisation (→ Fachbegriffe, Seite 119) bezeichnet wird, ist die einzig sinnvolle Lösung, wenn man auf Dauer Läufigkeiten und Schwangerschaften verhindern will und zudem die Gesundheit der Hündin bis ins hohe Alter erhalten möchte. Bei der Kastration werden die Eierstöcke und der Großteil der Gebärmutter entfernt. Damit entfällt natürlich das Risiko der Erkrankung dieser Organe. Je früher der Eingriff durchgeführt wird – ideal sind 3 bis 4 Monate nach der ersten Läufigkeit –, desto geringer ist die Wahrscheinlichkeit, daß die Hündin Brustkrebs bekommt.

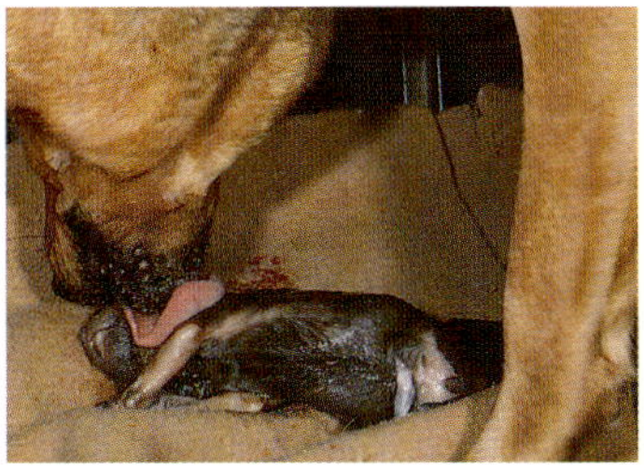

4 | *Durch das Abschlecken wird der Kreislauf des Welpen angeregt.*

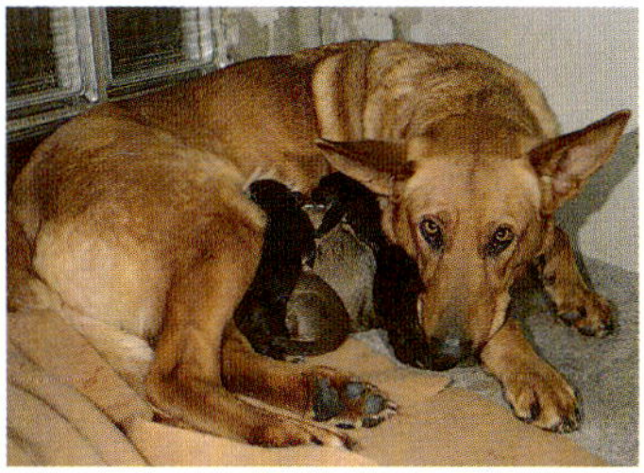

5 | *Instinktsicher haben die Welpen die milchspendenden Zitzen gefunden.*

Bei Kastration beachten: Es trifft nicht zu, daß Hunde nach der Kastration träge werden. Sie werden aufgrund der Hormonumstellung verfressener und damit dicker und schwerfälliger. Wenn man die Futterrationen nach der Kastration um ein Drittel reduziert, bekommt man das Problem in den Griff: Der Hund nimmt nicht zu und wird auch nicht träge.
Folgen der Kastration: Das Fell kann sich verändern. Vor allem langhaariges, rötliches Fell wird flaumiger. Bei großen Hunden können im Alter Probleme dergestalt auftreten, daß der Hund den Urinfluß nicht mehr so gut kontrollieren kann. Diese sogenannte Inkontinenz ist aber hormonell behandelbar.

Der alte Hund

Langsam ergraut der Hund: zuerst an den Lippen und am Kinn, dann an Backen, Nase und um die Augen, schließlich auf Stirn und Kopf. Unser Hund ist alt geworden. Gehör und Augenlicht schwinden, aber zum Glück funktioniert der Geruchssinn, mit dem der Hund seine Welt »erlebt«, auch im Alter noch gut. Das Laufen macht bedeutend mehr Mühe als in jungen Jahren, doch manchmal tobt er so verspielt wie früher. Hie und da gibt es auch Probleme mit der Stubenreinheit – im Alter eine natürliche und daher verzeihliche Schwäche.

Wann wird ein Hund alt?
Ein Hundejahr macht ein Vielfaches vom menschlichen Lebensjahr aus. Das erste Lebensjahr des Hundes entspricht etwa 15 Lebensjahren des Menschen, das zweite nur noch etwa acht Jahren, und ab dem dritten Hundejahr sollte man die Jahre mit 4 multiplizieren (→ Tabelle, Seite 111).
Grundsätzlich kann man sagen, daß große Hunde bei weitem nicht so alt werden wie mittelgroße und kleine. So erreichen zum Beispiel Boxer, Dogge oder Bernhardiner in der Regel nur ein Alter von 10 bis 12 Jahren, wohingegen Pudel, Dackel oder Foxterrier durchaus 16 bis 18 Jahre alt werden können.
Auch extrem kleine Züchtungen wie Zwergformen von Yorkshire, Pudel, Spitz oder Schnauzer werden meist nicht so alt wie ihre mittelgroßen Artgenossen.

Die Ernährung
Im Alter kann der Körper des Hundes das Nahrungsangebot nicht mehr so gut auswerten wie in jungen Jahren. Auch die Verdauung funktioniert im Alter nicht mehr hundertprozentig, weil die inneren Organe wie Darm, Leber oder Bauchspeicheldrüse gewisse »Abnutzungserscheinungen« zeigen.
Futtermenge: Da sich der alte Hund nicht mehr soviel bewegt, sollte die Futtermenge reduziert werden. Zur groben Orientierung gilt: Höchstens 200 g Gesamtfuttermenge je 10 kg Körpergewicht.
Zusammensetzung des Futters: Die Nahrung des alten Hundes sollten Sie folgendermaßen zusammenstellen:
- Vorwiegend leicht verdauliche Kohlenhydrate wie Reis, Flocken, Kartoffeln oder Nudeln zu etwa 2/3, die obendrein auch noch reich an Mineralstoffen und Vitaminen sind.
- Der Fleischanteil sollte nicht mehr als 1/3 der Futtermenge betragen und möglichst hochwertiges, leichtverdauliches Eiweiß, zum Beispiel mageres Fleisch, Geflügel oder Fisch, enthalten.
- Auch Milchprodukte wie Quark, Hütten- oder Weichkäse in Magerstufen eignen sich gut als Eiweißlieferanten.

Übergewicht ist für den alten Hund ein genauso großes Problem wie für uns Menschen. Geben Sie deshalb als Fleischersatz gelegentlich auch Pansen, Euter oder Lunge (aus der Metzgerei oder vom Schlachthof) zum Fressen. Entsprechend kalorienarm und reich an Ballaststoffen sind auch Futterzusätze wie Getreidekleie und Luzernengrünmehl (im Reformhaus erhältlich).
Wichtig: Da Nierenprobleme im Alter relativ häufig auftreten, sollten Sie das Futter immer etwas salzen und mit Fleischbrühe schmackhaft machen, da

Altersvergleich Hund und Mensch

Alter des Hundes	Alter des Menschen
1 Jahr	15 Jahre
2 Jahre	23 Jahre
3 Jahre	27 Jahre
4 Jahre	31 Jahre
5 Jahre	35 Jahre
und so weiter	und so weiter

10 Hundejahre ergeben dann 55 Menschenjahre. Und mit 15 Jahren entspricht der Hund etwa einem 75jährigen Menschen.

es sonst wegen des hohen Kohlenhydratgehaltes – der ja erwünscht ist – fad schmeckt. Nur beim Vorliegen eines Herzfehlers muß das Salz reduziert werden.
Flüssigkeitsbedarf: Achten Sie darauf, daß Ihr alter Hund genügend trinkt. Der tägliche Bedarf liegt bei etwa 1/2 Liter Wasser je 10 kg Körpergewicht. Zu 75 % wird die Flüssigkeit schon über das feuchte Futter aufgenommen. Den Rest (etwa 125 ml) muß der Hund in Form von Wasser oder gesüßtem schwarzen Tee bekommen.
Bei überwiegender Trockenfütterung sollte der Hund täglich etwa 1/4 Liter je 10 kg Körpergewicht trinken.

Altersbedingte Krankheiten

Die natürlichen Abnutzungserscheinungen, die sich im Verlauf des Hundelebens einstellen, und die zusätzlichen Belastungen des Körpers durch bereits überstandene Krankheiten und Verletzungen lassen eine ganze Reihe typischer Altersprobleme entstehen. Doch Alter allein ist keine Krankheit! Häufig genug passiert es jedoch, daß Hundebesitzer zum Tierarzt kommen und ihren Hund einschläfern lassen wollen. Nur weil er einige kleine Gebrechen hat, die man durchaus behandeln und zum Großteil beheben kann. Als Hundebesitzer tragen Sie Verantwortung für das Leben Ihres Hundes. Deshalb sollten Sie sich gerade dem alternden Hund vermehrt widmen. Achten Sie auf die Symptome beginnender Beschwerden und gehen Sie nicht erst zum Tierarzt, wenn es für eine sinnvolle Hilfe schon zu spät ist.

Beschwerden beim Bewegen
Im Alter sind vor allem die Gelenke eine Schwachstelle des Hundes. Abnutzungserscheinungen lösen Arthrosen aus (→ Seite 92), und häufig kommt es auch zu Bandscheibenbeschwerden (→ Seite 94).
Vor allem nach langem Liegen bewegt sich der alte Hund anfangs recht steif und staksig. Er muß sich erst »warmlaufen«.
Helfen können Sie, indem Sie Ihren Hund beim Schlafen zudecken und darauf achten, daß er nicht zu hart und kühl liegt. Vermeiden Sie Überbelastungen der geschädigten Gelenke. Lieber 3- bis 4mal täglich eine Viertelstunde mit dem Hund spazierengehen als einmal eine Stunde lang. Achten Sie auch beim Ballspielen, Stockwerfen, Radfahren oder beim Spiel mit anderen Hunden darauf, daß sich Ihr alter Hund nicht zuviel zumutet.

Der Kreislauf macht Probleme
Beim älteren Hund kommen chronische Herzfehler relativ häufig vor (→ Seite 59). Neben der Behandlung mit herzstärkenden Mitteln gilt es, übermäßige Anstrengung, Aufregung und vor allem schwüle Hitze zu meiden.
Helfen können Sie, indem Sie Ihren Hund immer etwas in der Bewegung dämpfen und bei Aufregungen beruhigen. Denken Sie daran, daß zum Beispiel die ungestüme Freude bei Ihrer Begrüßung für den Hund leicht »zuviel« werden und er vor Aufregung plötzlich in Ohnmacht fallen kann. Wirken Sie daher beruhigend auf ihn ein. Achten Sie auch darauf, daß der Salzgehalt der Nahrung bei einem Herzfehler möglichst niedrig sein muß (→ Ernährung).

Chronische Beschwerden innerer Organe

Der chronische Leber- oder Nierenschaden spielt beim alten Hund, der schon einige Infektionen oder Vergiftungen hinter sich hat, nicht selten eine Rolle. Ankündigen kann er sich durch übermäßigen Durst, gelegentliches Erbrechen und Absetzen von weichem Kot.

Helfen können Sie, indem Sie darauf achten, daß sich der Hund nicht zu sehr anstrengt oder aufregt. Ernähren Sie ihn mit einer konsequenten Diät (→ Seite 24).

Bei entsprechender Betreuung und tierärztlicher Überwachung können Hunde mit diesen chronischen Organschäden auch noch über Jahre recht gut leben.

Die Haut macht Probleme

Im Alter treten auch Erkrankungen der Haut gehäuft auf. Sie äußern sich durch Haarausfall, vermehrte Schuppen- und Warzenbildung und gelegentlich durch die Bildung von Tumoren, die meist gutartig sind.

Helfen können Sie, indem Sie Warzen und Geschwüre an den Talgdrüsen rechtzeitig vom Tierarzt entfernen lassen. Sie können sich nämlich durch Kratzen stark entzünden und auch vermehrt ausbreiten. Besonders beim alten Boxer sollten Sie Hauttumoren baldmöglichst untersuchen lassen, da bei dieser Rasse bösartige Tumoren vorkommen (→ Seite 84).

Der Hormonhaushalt ist gestört

Symmetrischer Haarausfall am Rumpf, in der Nierenregion und an den Hinterschenkeln weist in der Regel auf eine hormonelle Erkrankung hin. Eine Unterfunktion der Schilddrüse (→ Seite 85) oder eine Überfunktion der Nebennierenrinde (→ Seite 86) spielt häufig erst beim älteren Hund eine Rolle. Übermäßiger Durst – Ihr Hund trinkt pro Tag wesentlich mehr als einen halben Liter Wasser je 10 kg Körpergewicht – ist oft das erste Anzeichen einer beginnenden Zuckerkrankheit (→ Seite 87).

Spezielle Probleme der alten Hündin

Ist die Hündin nicht kastriert, kommt es bei zunehmendem Alter relativ häufig zu Unregelmäßigkeiten in der Läufigkeit, die hormonell bedingt sind. Verlängerte Blutungen, Entzündungen und Vereiterungen der Gebärmutter (Pyometra, → Seite 72) können die Folgen sein.

Helfen können Sie, wenn Sie Ihre Hündin genau beobachten. Stellen Sie 6 bis 8 Wochen nach der Läufigkeit Scheidenausfluß, vermehrten Durst und Verschlechterung des Allgemeinbefindens fest, sollten Sie schnell zum Tierarzt gehen. Gewöhnen Sie sich beim Streicheln Ihrer Hündin auch an, regelmäßig das Gesäuge abzutasten. Stellen Sie dabei Verhärtungen feststellen, sollten Sie baldmöglichst den Tierarzt aufsuchen. Durch wiederholte Scheinschwangerschaft (→ Seite 72) angeregt, bilden sich im Alter bei der Hündin nämlich häufig Knoten im Gesäuge (Mammatumoren), die frühzeitig operiert werden müssen.

Spezielle Probleme des alten Rüden

Im Alter kommt es vor allem bei Rüden, die einen übersteigerten Geschlechtstrieb haben (→ Seite 69), recht häufig zur Vergrößerung der Prostata (→ Seite 67). Diese führt zu Schwierigkeiten beim Kotabsetzen, gelegentlich auch zu blutigem Urin.

Helfen können Sie, indem Sie Ihren Hund kastrieren lassen.

Spielen erhält auch den alten Hund »jung« und verschafft ihm die nötige Bewegung.

Pflege des alten Hundes

Ihr Hund braucht im Alter ein spezielles Vorsorgeprogramm. Die regelmäßige Pflege des Fells und die Reinigung der Ohren, Zähne, Pfoten sowie der Anal- und Genitalregion gewinnt beim älter werdenden Hund immer mehr an Bedeutung.

Pflegemaßnahmen
Mit zunehmendem Alter neigt der Hund auch häufiger zu Zahnstein (→ Seite 40), der wiederum zur Parodontose, Lockerung und Vereiterung von Zähnen führt. Durch regelmäßige Pflege der Zähne können Sie das verhindern. Geben Sie dem Hund ausreichend Knochen für den natürlichen Zahnabrieb (→ Seite 13) und putzen Sie ihm – wenn nötig – die Zähne. Spezialzahnpasta und Zahnbürsten bekommen Sie beim Tierarzt oder im Zoofachhandel.
Bei der Pflege des Fells tasten Sie den Körper des Hundes regelmäßig nach Warzen, Knötchen und Tumoren ab. Nur durch frühzeitiges Erkennen ist eine wirksame Hilfe durch den Tierarzt möglich.
Achten Sie beim Reinigen der Körperöffnungen wie Ohren, After und Genitalregion auf Verunreinigungen durch Ausfluß, Wucherungen und eventuelle Tumorbildungen. Auch hier hilft das genaue Beobachten, Erkrankungen frühzeitig zu erkennen.

Vorsorgeuntersuchungen
Regelmäßige Vorsorgeuntersuchungen sind für den Hund genauso empfehlenswert wie für den Menschen. Chronische Organerkrankungen, Hormonstörungen oder Tumorbildungen können dadurch frühzeitig erkannt und behandelt werden. Im Rahmen der jährlichen Wiederholungsimpfung (→ Impfplan, Seite 20) können die Hunde auch auf andere Beschwerden untersucht werden.
<u>Sind Hunde über acht Jahre alt</u>, sollte eine Vorsorgeuntersuchung sogar zweimal im Jahr stattfinden und eine Urinuntersuchung, spezielle Blutuntersuchungen sowie eine genaue Herzdiagnostik einschließen.

- Durch eine einfache Urinprobe, die der Hundebesitzer am besten mitbringt, können Zuckerkrankheit, Nierenprobleme oder Lebererkrankungen frühzeitig festgestellt werden.
- Durch verschiedene Blutparameter (→ Fachbegriffe, Seite 115) ergeben sich Hinweise auf chronischen Nieren-, Leber- oder Hormonschaden.
- Die regelmäßige Untersuchung des Herzens ist beim Hund eine wichtige lebensverlängernde Maßnahme. Herzfehler sind meist lange, bevor sie zu Beschwerden führen, durch abnorme Geräusche am Herzen zu erkennen. Aufgrund der regelmäßigen Beobachtung und Überwachung der Symptome, die allmählich zu Kreislaufbeschwerden führen, kann der Tierarzt in Zusammenarbeit mit Ihnen rechtzeitig den Zeitpunkt für herzstützende Maßnahmen bestimmen.

<u>Konsequente Bemühungen</u> mit regelmäßiger Pflege, Vorbeugemaßnahmen wie Impfungen und Entwurmungen, aufmerksamer Beobachtung von Symptomen und detaillierten Vorsorgeuntersuchungen führen dazu, daß unsere Hunde im Schnitt 2 bis 3 Jahre älter werden.
<u>Wichtig</u> ist die Erkenntnis, daß Alter keine Krankheit ist und viele Alterskrankheiten durchaus behandelbar sind.

Der letzte Weg zum Tierarzt

Ist der Punkt gekommen, an dem Ihre Pflege und die ärztliche Kunst das Leben des Hundes nicht mehr verlängern können, sollten Sie den Hund erlösen und ihn einschläfern lassen (Euthanasie).
Der Tierarzt gibt ein vielfach überdosiertes Schlafmittel meist direkt in die Vene, so daß der Hund nichts spürt und friedlich einschläft. Nach so vielen Jahren der Treue und Freundschaft sind Sie es Ihrem Hund schuldig, ihm diesen schmerzfreien Tod zu ermöglichen. Sie sind es ihm auch schuldig, daß Sie ihn auf dem letzten Weg zum Tierarzt begleiten und seinen Kopf halten, wenn er die erlösende Spritze bekommt.

Fachbegriffe, die der Tierarzt

Im Zusammenhang mit Gesundheit und Krankheit seines Tieres wird der Hundebesitzer oft mit Fachbegriffen konfrontiert, unter denen er sich zunächst nichts Rechtes vorzustellen vermag. Doch auch die Fachsprache des Tierarztes ist kein Buch mit sieben Siegeln. Im folgenden sind die wichtigsten Begriffe erläutert.

Aerosol
Zur → Inhalationstherapie geeignetes Arzneimittel, das flüssige Stoffe in feinstverteilter Form (als Sprühnebel) enthält.

Allergene
Allergie auslösende Stoffe.

Analgetika
Schmerzlindernde Medikamente.

Anconeus
Knochenfortsatz an der Elle im Ellbogengelenk, der gelegentlich nicht anwächst oder abreißt und dadurch zur Arthrose führt.

Angiographie
Darstellung von Blutgefäßen durch → Röntgenaufnahme oder → Röntgendurchleuchtung, wobei vorher in die Gefäße ein Kontrastmittel eingespritzt wird.

Antazida
Medikamente gegen Übersäuerung des Magens.

Antibiose
Behandlung mit → Antibiotika.

Antibiotika
Medikamente, die eine Vermehrung von Bakterien oder → Protozooen hemmen.

Antidot
Gegenmittel bei Vergiftungen.

Antihistaminika
Medikamente gegen allergische Reaktionen.

Antikörper
Spezielle Eiweißkörper, die das Immunsystem des Körpers gegen Krankheitserreger bildet.

Antimykotika
Medikamente, die das Wachstum von Pilzen hemmen.

Antiphlogistika
Entzündungshemmende Medikamente.

Asepsis
Sterilität, Keimfreiheit von medizinischen Instrumenten. Wird z.B. durch Erhitzung auf 160 °C über 2 Stunden im Trockensterilisator erreicht.

Aujeszkysche Krankheit
Pseudowut. Wird durch einen Virus hervorgerufen, der hauptsächlich bei Schweinen vorkommt. Die Infektion der Hunde geschieht vorwiegend über den Verzehr von nicht gegartem Schweinefleisch. Die Krankheit verläuft beim Hund tödlich, ist aber für den Menschen nicht ansteckend. Die Symptome sind denen der Tollwut (→ Seite 99) ähnlich.

AV-Klappen
Atrio-Ventricular-Klappen. Herzklappen zwischen Vorkammer (Atrium) und Hauptkammer (Ventrikel) beider Herzhälften, die den Blutstrom regeln.

Bakteriologische Untersuchung
Abkürzung: BU. Untersuchung von Tupferproben auf Bakterien.

Beißunfälle
Nach Schätzungen beißen Hunde in Deutschland jährlich 35000mal zu. In den wenigsten Fällen verursachen sie dabei schwere Verletzungen. Die Hauptübeltäter unter den bissigen Hunden sind Dobermann, Dogge, Rottweiler und vor allem Schäferhunde (zu 47 %).

Biopsie
Entnahme von Gewebe durch Herausschneiden mit Skalpell, Punktion mit einer Kanüle, Ergreifen mit einer Zange (→ Endoskopie). Die Probe wird dann mikroskopisch untersucht.

Blutbild
Analyse der roten und weißen Blutkörperchen.

häufig verwendet

Blutparameter
Blutwerte. Mengenangaben über die im Blut enthaltenen Stoffe wie Blutzucker, Harnstoff, Cholesterin, Enzyme (Leberwerte).

Breitspektrumantibiotika
Gegen viele Keimarten wirkende → Antibiotika.

Bronchodilatatoren
Bronchienerweiternde Medikamente.

C

Computertomographie
Diagnosetechnik, bei der → Röntgenaufnahmen des Körpers in verschiedenen Ebenen elektronisch verarbeitet werden, so daß farbige Querschnittsbilder des Körpers entstehen.

D

Darmflora
Besiedlung des Darmes mit Keimen, die normal und für die gesunde Verdauung nötig sind.

Dispensierrecht
Das Recht des Tierarztes, Medikamente nicht nur zu verschreiben, sondern auch selbst herzustellen und abzugeben. Im Gegensatz zum Humanmediziner darf der Tierarzt auch eine Apotheke führen.

Diuretika
Medikamente, die die Nierenausscheidung anregen.

Drainage
Ableitung von Wundsekret durch eine Öffnung mit Gazestreifen oder einen kleinen Schlauch.

Dyspnoe
Angestrengte Atmung durch Einengung der Atemwege beim Einatmen (inspiratorische Dyspnoe) oder Ausatmen (exspiratorische Dyspnoe).

E

Elektrokardiogramm
Abkürzung: EKG. Aufzeichnung der elektrischen Impulse, die die Herztätigkeit mit bewirken.

Elektrolyte
Salze und Mineralien wie Natrium, Kalium, Kalzium, Magnesium, die in den Körperflüssigkeiten in bestimmter Konzentration enthalten sein müssen.

Embryonalentwicklung
Entwicklung im Mutterleib von der ersten Zellteilung nach der Befruchtung einer Eizelle bis zur Ausreifung eines lebensfähigen Organismus kurz vor der Geburt.

Endoskopie
Untersuchungsmethode, bei der Körperhohlräume wie z.B. Magen (Gastroskopie), Darm und Blase (Zystoskopie) optisch ausgeleuchtet und dadurch untersucht werden können. Auch Gewebsentnahmen (→ Biopsien) sind dabei möglich.

Exsikkose
Austrocknung des Körpergewebes durch Flüssigkeitsverlust. Wird beim betroffenen Hund eine Hautfalte hochgezogen, bleibt sie kurze Zeit »stehen«.

Extraktion
Herausziehen, z.B. eines Zahnes.

F

Fangzähne
Große Eckzähne, die im vorderen Unter- und Oberkieferbereich sitzen und zum Festhalten (Fangen) der Beute dienen.
Bei kleinen Rassen kommt es häufig vor, daß der Fangzahn nicht wechselt. Gelingt es nicht, den Zahn zu lockern, muß er spätestens im Alter von 9 Monaten vom Tierarzt in Narkose gezogen werden.

Follikulitis
Oberflächliche, eitrige Entzündung der Haarbälge.

Gegensensibilisierung
Die Haut wird bei Allergien durch speziell dafür hergestellte Medikamente, die in Form von Spritzkuren gegeben werden, weniger sensibel gemacht

Haftpflichtversicherung
Das BGB (Bürgerliches Gesetzbuch) bestimmt in § 833, daß der Tierhalter grundsätzlich haftet, wenn durch sein Tier ein Mensch getötet, verletzt oder eine Sache beschädigt wird. Man spricht von »Gefährdungshaft«. Jeder Hundehalter sollte deshalb eine Haftpflichtversicherung für sein Tier abschließen. Sie kostet zwischen 100 und 150 DM pro Jahr. Die Haftpflichtversicherung gewährleistet Schutz, wenn der Hund z.B. über die Straße läuft und einen Unfall verursacht, einen anderen Hund beißt oder einen Radfahrer vom Fahrrad zerrt. Nicht versichert ist der Hund, der als Waffe mißbraucht und bewußt gegen Menschen eingesetzt wird.

Hämostyptika
Blutstillende Medikamente.

Hautgeschabsel
Abschabung der Hautschichten bis auf die Unterhaut, um eine mikroskopische Untersuchung auf Parasiten durchzuführen.

Heterosiseffekt
Kreuzungsvitalität. Kreuzt man Vertreter verschiedener Hunderassen oder -mischungen, nimmt die Widerstandskraft gegenüber Krankheiten und die Fruchtbarkeitsrate zu.

Hund im Recht
Das Tier wird im Zivilrecht nicht mehr als Sache behandelt (Gesetz zur Verbesserung der Rechtsstellung des Tieres). Wird nun ein Mischlingshund z.B. von einem anderen Hund angefallen, so bestimmt das BGB (Bürgerliches Gesetzbuch), §251 Absatz 2, daß die Kosten der Heilbehandlung nicht bereits dann unverhältnismäßig hoch sind, wenn sie den Wert des Tieres erheblich übersteigen. Das heißt: Der Halter des zubeißenden Hundes hat selbst dann die Tierarztkosten zu bezahlen, wenn diese Kosten den Wert des verletzten Hundes um ein Vielfaches übersteigen. Denn der Mischlingshund hat zwar keinen hohen Verkaufswert, wohl aber einen hohen ideellen Wert für seinen Besitzer.

Hypochlorämie
Chlormangel im Blut, der durch den Verlust von Salzsäure bei wiederholtem Erbrechen entstanden ist und einen ständigen Brechreiz hervorruft. Der Mangel kann durch Kochsalz-Infusionen oder Salz im Futter ausgeglichen werden.

Ikterus
Gelbsucht. Gelbverfärbung der Schleimhäute und der Haut durch vermehrtes Auftreten von Gallenfarbstoffen im Blut vorwiegend bei Leberschaden.

Immunfluoreszenz
Nachweismethode, bei der leuchtende (fluoreszierende) Antikörper in Hautschnitten unter dem Mikroskop untersucht werden. Diese Antikörper weisen auf Autoimmunkrankheiten hin.

Infusionstherapie
Behandlung mit Flüssigkeiten, die unter anderem Mineralien (Elektrolyte) und Traubenzucker (Glucose) enthalten. Sie werden unter die Haut oder in die Venen gegeben.

Inhalationstherapie
Behandlung durch Einatmen von Dämpfen (z.B. Kamille) oder in der Luft zerstäubten Flüssigkeitströpfchen (→ Aerosolen), die Medikamente enthalten.

Injektion
Gabe von Spritzen mit Medikamenten: in die Vene (intravenös), in den Muskel (intramuskulär), unter die Haut (subkutan), durch den Mund (oral), in den Enddarm (rektal).

Inkarzeration
Schmerzhaftes Abschnüren und entzündliches Verwachsen von Eingeweide-Brüchen.

Inkubationszeit
Zeit zwischen Ansteckung und Ausbrechen einer Krankheit.

Insektizide
Auch Pestizide. Gifte zur Bekämpfung von Parasiten (Insekten).

Inzucht
Paarung nahverwandter Tiere. Kommt in der Natur durchaus vor und hat bei den ersten Nachkommen noch keine negativen Folgen. Durch die Züchtung in zu engen (verwandten) Linien entstehen aber im Laufe von Generationen sogenannte Zuchtdefekte (Erbkrankheiten). Durch Einkreuzung anderer Rassen (Bastardisierungs-Effekt) und Rückkreuzung dieser Mischlinge mit der ursprünglichen Rasse lassen sich solche Defekte genetisch heilen.

Kastration
Beim Rüden Entfernung der Hoden wegen Aggressivität, übersteigertem Geschlechtstrieb, Prostataerkrankungen oder Hodentumor. Bei der Hündin Entfernung der Eierstöcke und eines großen Teils der Gebärmutter zur Verhinderung der Läufigkeit, Schwangerschaft und Scheinträchtigkeit, auch vorbeugend gegen Brust- und Gebärmutterkrebs sowie Gebärmutterentzündung.

Kortison
Medikament, das in der Art und Wirkung dem in der Nebennierenrinde (Cortex) des Körpers gebildeten Kortisol ähnlich ist und wegen seiner entzündungshemmenden, juckreizdämpfenden, appetitfördernden, schmerzlindernden und aufputschenden Wirkung viel zu oft verwendet wird. Bei Allergien, Autoimmunkrankheiten, chronischen Hautkrankheiten und Gelenkserkrankungen ist es unersetzlich und bringt gute Heilerfolge.

Krankenversicherung
Seit einigen Jahren bieten einige Versicherungsgesellschaften auch Krankenversicherungen für Hund und Katze an (→ Infos, Seite 127). Die Beiträge liegen zwischen 20 und 35 DM pro Monat. Übernommen werden Tierarztkosten zu 80%. Auch vorbeugende Maßnahmen wie Impfung oder Entwurmung, werden bis zu 70 DM übernommen. Die Tiere dürfen beim Abschluß der Versicherung nicht älter als 5 Jahre sein und können ab dem 4. Lebensmonat versichert werden.

Kupieren
Das Abschneiden oder Kürzen von Ohren und Schwanz bei bestimmten Rassehunden (z.B. Stehohr bei Boxer, Dogge, Dobermann, Stummelschwanz bei Boxer, Schnauzer). Kupieren der Ohren ist in Deutschland und in der Schweiz seit 1990 verboten. Der Schwanz darf bis zum Alter von 3 Monaten kupiert werden.

Lebendvakzine
Impfstoff aus abgeschwächten Erregern.

Leberverfettung
Vermehrte Fetteinlagerung in der Leber. Ursprünglich bildet Fett einen gewissen Schutz gegen Gifte, die es einlagert und damit die Leberzellen schützt. Bei Dauerbelastung verselbständigt sich dieser Vorgang und führt zur fettigen Degeneration der Leber.

Leberzirrhose
Auch Leberfibrose genannt. Durch chronische Schädigung der Leber, z.B. durch Gifte und andere Schadstoffe, kommt es zur Verkümmerung und zum Absterben von Leberzellen. Diese werden in einer Art Vernarbung durch festes Bindegewebe ersetzt. Die Leber wird hart und schrumpft.

Letalfaktor
Erbanlage, die zu Totgeburten oder hoher Welpensterblichkeit führt. Von Semiletalfaktor spricht man, wenn das Tier aufgrund einer Erbkrankheit vor der Geschlechtsreife oder bis zum Alter von 6 Monaten stirbt. Oft wird der Letalfaktor wegen erwünschter Zuchtmerkmale, z.B. Weißfleckigkeit von Tigerdackeln, bewußt in Kauf genommen.

Lithotripsie
Zerkleinerung von Blasensteinen mit Hilfe einer Stoßwellen aussendenden Sonde.

Metastasen
Tochtergeschwüre bösartiger Tumoren (Krebs) in anderen Körpergeweben, vor allem in Lunge, Milz, Leber, Niere oder Knochenmark.

Mischling
Hund, der keiner Rasse angehört. Der → Heterosiseffekt bedingt, daß Mischlinge gesünder und widerstandsfähiger sind als Rassehunde.

Nekrose
Absterben und Verkümmern von Gewebe, meist aufgrund von Durchblutungsstörungen.

Nokardiose
Infektionen der Unterhaut mit Fadenbakterien (Nokardien), die wie Pilze wachsen (Pseudomykose, Strahlenpilzerkrankung). Führen zu immer wieder aufbrechenden Abszessen der Haut, die durch großflächige Operationen ausgeschnitten und über Wochen mit Antibiotika behandelt werden müssen. Im Körper verursachen sie schwere blutig-eitrige Infektionen von Brust- und Bauchhöhle.

Ödem
Flüssigkeitsansammlung in Geweben wie Lunge und Haut.

Osteosynthese
Operative Methode zur Fixierung von Knochenbrüchen.

Paraimmunitätsinducer
Medikament, das Geflügelviren, die nicht krankmachen, enthält und beim Hund Fieber hervorruft, das die Abwehrkräfte des Körpers gegen Virusinfektionen mobilisiert.

Plasmaexpander
Lösung zur Infusion, die als eine Art künstlicher Blutplasma-Ersatz den Blutdruck bei Blutverlust länger aufrechterhält, da sie langsam abgebaut wird.

Protozooen
Kleine, meist nur einzellige Lebewesen, die Infektionen hervorrufen können.

Pylorus
Schließmuskelmechanismus am Magenausgang, sogenannter Magenpförtner.

Quarantäne
Isolierung von kranken oder ansteckungsverdächtigen Tieren zur Verhinderung von Seuchen.

Rasse
Gruppe von Hunden einer Art mit bestimmten rassetypischen Merkmalen, die von den zuständigen Zuchtvereinen willkürlich festgelegt werden (Rassestandards). Dabei spielt das äußere Erscheinungsbild die wesentliche Rolle. Degenerationen und Erbkrankheiten werden oft bewußt in Kauf genommen.

Reißzahn
Große Backenzähne im Hundegebiß, die zum Zerkleinern und Zerbeißen (Reißen) dienen.

Resistenz
Widerstandskraft des Körpers gegen Infektionen.

Resorbieren
Aufnehmen. Körpergewebe hat die Fähigkeit, Flüssigkeiten, Luft oder Medikamente in sich aufzunehmen und im Körper zu verteilen.

Röntgenaufnahmen
Fotografisch entwickelte Bilder, die bei kurzer Durchleuchtung des Körpers mit Röntgenstrahlen die Schatten von Körperteilen (im Negativ) zeigen.

Röntgendurchleuchtung
Längere Durchleuchtung von Körperregionen mit Röntgenstrahlen, die elektronisch verstärkt werden. Auf Bildschirmen sind auch Bewegungen im Körperinneren zu sehen und können auf Video aufgezeichnet werden.

Röntgenstrahlen
Energiereiche elektromagnetische Wellen, die zur Durchleuchtung des Körpers geeignet sind. Bei Überbelastung kommt es zu Strahlenschäden.

Schlittenfahren
Der Hund »fährt Schlitten«, wenn er sich auf seine Analregion setzt, die Hinterbeine nach vorne streckt und mit Hilfe der Vorderbeine sein Hinterteil über den Boden zieht. Der Hund tut dies bei analem Juckreiz, wenn sein After verklebt ist oder die Analdrüsen entzündet sind, gelegentlich auch, wenn er Würmer hat.

Schrumpfniere
Verkleinerte, aufgrund vieler vorangegangener Infektionen, geschrumpfte Niere die durch bindegewebige Vernarbungen entsteht.

Sekretion
Absonderung von Flüssigkeit bei bestimmten Organen (Bauchspeichel-, Talg- oder Analdrüse).

Sekretolytika
Sekretlösende Medikamente, die den Schleim bei Entzündungen der Bronchien verflüssigen. Er kann dadurch leichter ausgehustet werden.

Sekundärinfektion
Auf eine meist durch Viren ausgelöste erste Infektion, die den Körper schwächt, folgt eine zweite Infektion durch Bakterien oder Pilze.

Serologische Untersuchungen
Nachweis von Antikörpern einer bestimmten Krankheit im Blut. Sind sie vorhanden, hat sich der Hund mit dem Erreger bereits früher einmal auseinandergesetzt.

Spasmolytika
Krampflösende Medikamente.

Sterilisation
Unterbindung der Eileiter bei der Hündin oder der Samenstränge beim Rüden, um die Fortpflanzung zu verhindern. Nicht zu verwechseln mit → Kastration.

Sulfonamide
Medikamente, die ähnlich wie → Antibiotika die Entwicklung und Vermehrung von Bakterien hemmen.

Thromboembolie
Verstopfung der Arterien durch ein Blutgerinsel, vorwiegend am Herzen (Herzinfarkt).

Totvakzine
Impfstoff aus abgetöteten Erregern.

Transfusion
Blutübertragung von einem Hund auf den anderen. Ist nur in die Vene (intravenös) sinnvoll.

Tuberkulinprobe
Hauttest, der anzeigt, ob sich Antikörper gegen Tuberkulose im Organismus befinden.

Ultraschall
Untersuchung innerer Organe mit einem Ultraschallgerät, wobei vielfach reflektierte Schallwellen elektronisch zu Bildern umgesetzt werden. Andere Ultraschallgeräte werden beim Entfernen von Zahnstein und zur Zerstäubung von Flüssigkeitspartikeln (Aerosolen) bei der → Inhalationstherapie verwendet.

Urämie
Zustand der Selbstvergiftung durch Urinsubstanzen im Körper bei schwerem Nierenschaden oder Nierenversagen.

Vakzinierung
Impfung von Lebend-Vakzinen, die im Körper eine Immunität durch die Bildung von Antikörpern hervorruft (aktive Impfung); oder Gabe von Todvakzienen, die Antikörper gegen bestimmte Krankheiten enthalten (passive Impfung).

Wundbrand
Gasbrand. Infektion einer Wunde mit gasbildenden Bakterien (Clostridien). Führt zu starker Rötung der Haut mit »Knistern« der Unterhaut (durch Gasbläschen) und hohem Fieber.

Zentralnervöse Störungen
Bewegungsstörungen, die vom Gehirn oder Rückenmark ausgehen. Taumeln, steifer oder schwankender Gang, Krämpfe, epileptische Anfälle.

Zoonose
Infektionskrankheit, bei der Mensch und Tier betroffen sein können, z.B. Tollwut und Toxoplasmose.

Zytostatika
Medikamente, die eine Zellvermehrung (Wucherung) hemmen und zur Bekämpfung von Krebs eingesetzt werden.

Register

Die **halbfett** gesetzten Seitenzahlen verweisen auf Farbfotos und Zeichnungen.
U = Umschlagseite.

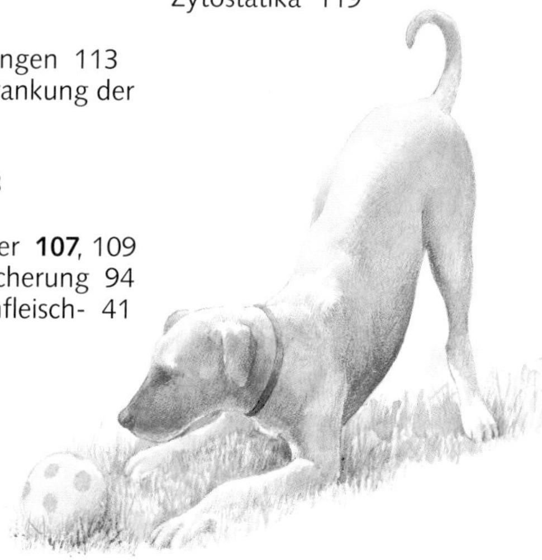

Infos

Zentrale für Vergiftungsfälle
In jeder größeren Stadt gibt es Informationszentren für Vergiftungsfälle, die Sie, obwohl für den Menschen eingerichtet, auch im Fall einer Vergiftung Ihres Hundes anrufen können. Folgende Zentren haben einen durchgehenden 24-Stunden-Dienst.

- Berlin: Giftinformation, Charité, Campus Virchow Klinikum, Abt. für Nephrologie und internistische Intensivmedizin, Augustenburger Platz 1, 13353 Berlin, Tel. 030/450-53555, Fax 030/450-53915 oder 53909,E-Mail: toxinfo@charite.de
- Freiburg: Informationszentrale für Vergiftungen, Universitäts-Kinderklinik, Mathildenstr. 1, 79106 Freiburg, Tel. 0761/19240
- Göttingen: Giftinformationszentrum Nord, Zentrum Pharmakologie und Toxikologie der Universität Göttingen, Robert-Koch-Str. 40, 37075 Göttingen, Tel.0551/19240, Fax 0551/3831881, Internet: http://www.giz-nord.de, E-Mail: giznord@med.uni-goettingen.de
- Mainz: Beratungsstelle bei Vergiftungen, II. Medizinische Klinik und Poliklinik der Johannes-Gutenberg-Universität, Langenbeckstr. 1, 55131 Mainz, Tel. 06131/19240
- München: Giftnotruf München Toxikologische Abteilung der II. Medizinischen Klinik rechts der Isar der TU, Ismaninger Str. 22, 81675 München, Tel. 089/19240

Registrierung von tätowierten Hunden

- Deutsches Haustierregister, Baumschulallee 15, 53115 Bonn, Tel. 01805/231414
- Haustierzentralregister für Deutschland e.V. TASSO, Frankfurter Straße 20, 65783 Hattersheim, Tel. 06190/932214, Fax 06190/5967, Internet: http://www.tiernotruf.org

Tierschutzinstitution
Deutscher Tierschutzbund, Baumschulallee 15, 53115 Bonn, Tel. 0228/604960, Fax 0228/6049640, E-Mail: bg@tierschutzbund.de

Hundezuchtverbände

- Verband für das Deutsche Hundewesen VDH, Westfalendamm 174, 44141 Dortmund, Tel. 0231/565000
- Internationaler Rasse-Jagd-Gebrauchs-Hunde-Verband e.V., Pörndorf-Moos 7, 94501 Aldersbach, Tel. 08547/396

Haftpflichtversicherung
Fast alle Versicherungen bieten in der Zwischenzeit auch Haftpflichtversicherungen für die Hunde an.

Krankenversicherung

- AGILA Haustier-Krankenversicherung AG, Breite Str. 6-8 30159 Hannover, Tel. 0511/3032345, E-Mail: info@agila.de
- Uelzener Allgemeine Versicherungsgesellschaft AG, Postfach 2163, 29511 Uelzen, Tel. 0581/80700

Bücher, die weiterhelfen
(falls nicht im Buchhandel, dann in Bibliotheken erhältlich)

Bergler, R.: *Mensch und Hund*, Deutscher Institutsverlag, Köln.

Feddersen-Petersen, D.: *Hundepsychologie*, Kosmos Verlag, Stuttgart.

Fellenberg-Ziegler, A. von: *Homöopathische Arzneimittellehre*, Haug Verlag, Heidelberg.

Fortunati, P.: *Erste Hilfe bei Tieren*, Inter Book, Hamburg.

Hamalcik, P.: *Biologische Therapie in der Veterinärmedizin*, Aurelia Verlag, Baden-Baden.

Klever, U.: *Der große GU-Ratgeber Hunde*, Gräfe und Unzer Verlag, München.

Lorenz, K.: *So kam der Mensch auf den Hund*, dtv, München.

Metzger, Ch. und Streitferdt, U.:Mischlinge, Gräfe und Unzer Verlag, München

Morris, D.: *Dogwatching*, Heyne Verlag, München.

Niemand, H. G. und Suther, P. F.: *Praktikum der Hundeklinik*, Paul Parey Verlag, Berlin und Hamburg.

Pschyrembel: *Klinisches Wörterbuch*, Verlag Walter de Gruyter, Berlin, New York.

Staffer, K.: *Klinische homöopathische Arzneimittellehre*, J. Sonntag Verlagsbuchhandlung, Regensburg.

Wegner, W.: *Kleine Kynologie*, Terra Verlag, Konstanz.

Zimen, E.: *Der Hund*, C. Bertelsmann Verlag, Gütersloh.

Der Autor
Dr. Uwe Streitferdt, Facharzt für Kleintiere. Studium der Tiermedizin und sieben Jahre wissenschaftlicher Assistent an der Medizinischen und Chirugischen Tierklinik der Universität München. Betreibt seit 1978 eine Kleintierpraxis in München. Beratertätigkeit für Zeitschriften, Rundfunk und Fernsehen.

Die Mitarbeiter
- Christine Metzger, seit 1985 als freie Journalistin tätig. Zahlreiche Publikationen (Bücher, Zeitungen, Zeitschriften, Rundfunk). Frau Metzger verfaßte folgende Kapitel: Der gesunde Hund, Die richtige Ernährung, Praxis für den Hundehalter, Vorbeugende Pflegemaßnahmen, Pflege des kranken Hundes, Vorbereitung auf den Tierarztbesuch, Verhaltensprobleme, Läufigkeit und Geburt.
- Dr. Claus-Michael Pautzke, Fachtierarzt für Chirurgie, Homöopathie. Seit 15 Jahren in der homöopathischer Tiermedizin tätig. Herr Pautzke verfaßte folgende Texte: Homöopathie bei Hunden, Homöopathische Behandlungsvorschläge bei den Krankheitsbeschreibungen.

Die Fotografen
Animal Photographie/Willbie: Seite 61; Animal Photography/Thompson: Seite 53; Bender: Seite 17; Brozio: Seite 8, 105; Gröger: Seite U2, 36; Günzel: Seite U1, 128; Info Hund/Krämer: Seite 40; IPO: Seite 13 u.; Junior/Fellner: Seite U4; Junior/Liebold: Seite 9, 112; Junior/Speisen: Seite 68; Layer: Seite 80; Mahler: Seite 89 o., u., 90, 91, 100; Meier: Seite 65, 76, 108 li.,M.,re., 109 o.,u.; Reinhard: Seite 45, 104 o.,u.; Schmidbauer: Seite 13 o.; Silvestris/Kerscher: Seite 12; Silvestris/Lenz: Seite 16; Silvestris/Wothe: Seite 93, 96/97; WAPI: Seite 37 li.,re., 57, 69, 72, 73, 81, 84.

Genehmigte Lizenzausgabe
für Weltbild Verlag GmbH,
Augsburg 2000

Umschlaggestaltung:
Georg Lehmacher, Friedberg (Bay.)
Umschlagmotiv: Okapia KG,
Frankfurt – Berlin – München
Layout: Christine Paxmann
Zeichnungen: György Jankovics
Gesamtherstellung:
Druckerei Stürtz, Würzburg

Printed in Germany

ISBN 3-8289-1570-1

Wichtige Hinweise
In diesem Ratgeber geht es um die Behandlung von Hundekrankheiten. Die Ratschläge und Behandlungsmethoden beruhen auf langjährigen Erfahrungen des Autors. Da aber jeder Fall individuell zu behandeln ist, kann nicht jede Aussage uneingeschränkt gültig sein. Das Buch erhebt trotz sorgfältiger und umfassender Darstellung keinen Anspruch auf Vollständigkeit. Bei Komplikationen ist deshalb unbedingt der Tierarzt aufzusuchen.
Beim Umgang mit Mitteln, die Insektizide enthalten (➔ Medizinische Bäder und Einreibungen der Haut, Seite 23 sowie Hausapotheke, Seite 33) muß größte Vorsicht angewendet werden. Es ist empfehlenswert, Handschuhe zu tragen, vor allem bei empfindlicher Haut oder Neigung zu Allergien.
Hautpilzerkrankungen des Hundes (➔ Seite 81), einige Infektionskrankheiten wie Tollwut, Leptospirose (➔ Seite 99 und 100), Krankheiten, die durch Parasiten verursacht werden (z.B. Spulwürmer, ➔ Seite 101) und importierte Krankheiten wie Leishmaniose (➔ Seite 102) sind auch auf den Menschen übertragbar. Achten Sie auf Hygiene und gehen Sie im Zweifelsfall unbedingt zum Arzt. Weisen Sie ihn auf die Hundehaltung und die Erkrankung des Tieres hin.

Erste Hilfe für den Hund

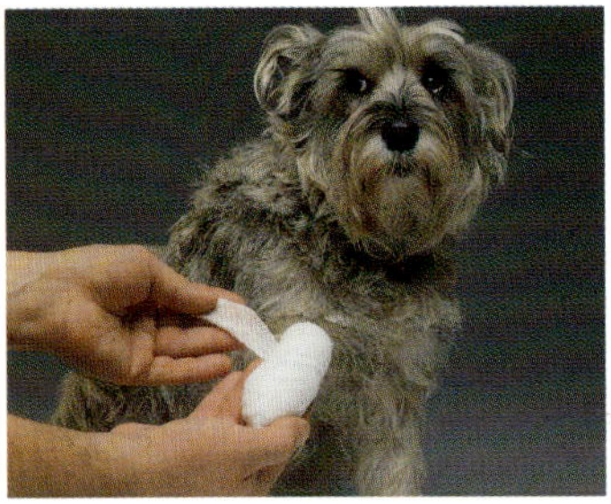

Unfälle passieren leider allzu schnell. Der Hund ist in diesem Falle auf Ihre richtige Entscheidung und schnelle Hilfe angewiesen, denn davon hängt sein Wohlbefinden ab. Oberstes Gebot sollte für Sie sein: Ruhig und überlegt handeln, auch wenn Sie der Anblick der Verletzung im ersten Moment in Panik versetzt. Mit einigen gezielten Maßnahmen können Sie weiteren Schaden oder Komplikationen verhindern. Nach dieser Erstversorgung müssen Sie Ihren Hund allerdings umgehend zum Tierarzt bringen.

Kopfverband
Bei stark blutenden Verletzungen der Ohren oder Verletzungen des Augapfels kann ein provisorischer Kopfverband notwendig sein. Legen Sie ein Papiertaschentuch auf die Verletzung und verbinden Sie am besten mit einer elastischen Mullbinde den Kopf so, daß Sie mit Hilfe des Verbandes Druck auf die Verletzung ausüben. Führen Sie den Verband einmal vor, einmal hinter dem anderen Ohr vorbei. Das verhindert ein Abrutschen des Verbandes.

Vorfall des Augapfels
Bei kurzschnauzigen Rassen kommt es bei Beißereien gelegentlich zum Heraustreten des Augapfels aus der Lidspalte, weil die Augen durch den kurzen Oberschädel kaum geschützt sind. Versuchen Sie durch Anheben der Lider oben und unten die Haut wieder über den Augapfel zu stülpen. Sollte dies nicht gelingen, müssen Sie einen Kopfverband anlegen.

Fremdkörper im Maul
Beim Zerbeißen von Zweigen und Knochen können sich Stücke zwischen den Backenzähnen verkeilen (→ auch Seite 42). Öffnen Sie Ihrem Hund das Maul, indem Sie seitlich die Lefze zwischen die Backenzähne schieben. Mit einer Pinzette oder Klemme läßt sich der Fremdkörper meist entfernen.

Schnittverletzung an der Pfote
Wenn der Hund stark blutet, müssen Sie einen Druckverband anlegen. Erst grobe Verschmutzungen und Fremdkörper aus der Wunde entfernen. Dann die Wunde mit einer Kompresse (sauberes Stück Stoff oder Papiertaschentuch) bedecken. Die Pfote mit einer Binde oder einem Stoffstreifen fest umwickeln.

Insektenstich
Wespen, Bienen und Hornissen können den Hund an der Pfote stechen. Meist reagiert er auf den brennenden Schmerz, indem er die Pfote hebt, intensiv abschleckt und humpelt. Entfernen Sie gegebenenfalls den Stachel (bei Bienenstich) aus der Pfote. Kühlen Sie die Stelle mit Wasser, Eis oder Desinfektionsalkohol.

Bein abbinden
Gelingt es Ihnen nicht, die Wunde mit einem Druckverband zu stillen, müssen Sie das Bein oberhalb der Verletzung – am besten oberhalb des Ellbogens oder des Sprunggelenkes –abbinden (→ auch Seite 26). Geeignet sind Gummibänder, elastische Gürtel oder Strümpfe und Socken. die Binde muß alle 30 Minuten kurz gelöst werden, da sonst das Bein absterben könnte.

Bißverletzungen
Nach einer Beißerei zwischen Hunden können starke Blutungen auftreten (→ auch Seite 29). Ein sauberes Tuch oder Papiertaschentuch auf die Wunde legen und mit einem Druckverband – im Notfall auch mit der Hand – Druck auf das pulsierende Gefäß ausüben, damit der Hund nicht verblutet.

Schienung eines Bruches
Für den Transport zum Tierarzt kann ein provisorischer Schienenverband nötig sein. Binden Sie davor dem Hund die Schnauze zu (→ Seite 17). Mit einem sauberen Tuch oder Papiertaschentuch das Bein abdecken. Darüber eine Bindenschicht als Polsterverband legen, wobei Sie das Bein nur ganz vorsichtig bewegen dürfen. Auf diese Schicht kleine Leisten (Zweige oder Lineal) als improvisierte Schiene auflegen. Mit einer weiteren Binde so stabilisieren, daß sich der gebrochene Knochen nicht mehr bewegen kann.

Wichtige Tips
- Transport des Unfallhundes (→ Seite 28).
- Unfallschock behandeln (→ Seite 27).
- Eingeben von Kochsalzlösung bei Vergiftungen (→ Seite 30).
- Brustverband bei offener Brustwandverletzung (→ Seite 27).
- Freie Luft im Brustraum des Hundes nach einem Unfall (→ Seite 27).
- Blutungen stillen (→ Seite 26).
- Richtiges Verhalten bei Verletzungen im Bauchbereich (→ Seite 27).
- Anlegen einer Schnauzenbinde (→ Seite 17).
- Entfernen einer Zecke (→ Seite 82).
- Freihalten der Atemwege (→ Seite 26).
- Hauptsymptome bei Vergiftungen erkennen (→ Seite 30).
- Kühlung bei Verbrennungen und Wundverband (→ Seite 29).
- Geburtshilfe (→ Seite 108).